Edizioni PensareDiverso
Cenacolo Jung Pauli

Jusuf Sibareni

Semua kebetulan aneh dalam hidup Anda

Peristiwa aneh kecil.
Firasat. Telepati.
Apakah itu terjadi pada Anda juga?
Fisika kuantum dan teori sinkronisitas menjelaskan fenomena ekstrasensor.

Bruno Del Medico Editore
edizioni@delmedico.it

Ringkasan

Prolog

Dari perkembangan pemikiran yang paling awal, umat manusia telah meyakini bahwa beberapa kebetulan penting adalah tanda-tanda di mana tingkat filosofis atau ilahi yang lebih tinggi berusaha untuk berdialog dengan manusia.

Dalam tiga abad terakhir semua ini telah dibatalkan oleh kecenderungan ilmiah baru. Fakta-fakta yang tidak dapat dijelaskan dianggap sebagai konsekuensi dari kasus tersebut. Siapa pun yang ingin menafsirkan peristiwa luar biasa sebagai sinyal ilahi diejek.

Dengan cara yang sama visi masa depan dianggap ilusi atau bahkan tanda-tanda ketidakseimbangan. Ini, terlepas dari kenyataan bahwa banyak yang telah mengalami fakta-fakta luar biasa ini.

Ilmu pengetahuan menyangkal adanya dimensi psikis yang dengannya pikiran manusia dapat berinteraksi. Menurut pendapat umum, satu-satunya realitas yang ada adalah objek material. Namun, pada 1980-an, percobaan dalam fisika kuantum menunjukkan keberadaan alam semesta yang tidak hanya terdiri dari materi. Alam semesta ini memiliki tingkat di mana energi dan informasi tidak mengalami batasan ruang dan waktu yang khas dari fisika klasik.

Ini menegaskan semua intuisi yang diuraikan dalam sejarah kemanusiaan. Salah satu wawasan paling terkenal di Barat adalah konsep "Jiwa Dunia" yang diucapkan oleh filsuf Yunani Plato. Baru-baru ini, psikolog Swiss Carl Gustav Jung telah menguraikan teori "ketidaksadaran kolektif".

Buku ini menghindari penyelidikan topik khusus yang berlebihan. Penulis dengan jelas menemani pembaca dalam memahami tiga tingkatan yang membentuk realitas tunggal.

Tingkat pertama adalah tingkat fisik, yang merupakan bagian dari pengalaman kita sehari-hari. Tingkat kedua adalah yang dijelaskan oleh fisika kuantum, tipikal dari partikel unsur terkecil dari atom.

Yang ketiga adalah tingkat psikis yang disebut "non-lokalitas". Ini adalah tingkat spiritual, yang tidak dapat ditempatkan secara fisik di mana pun.

Jalur pengetahuan ini merujuk pada penemuan terbaru yang diakui oleh sains resmi. Fenomena khas pikiran menjadi bagian penting dari realitas baru dan mengejutkan.

Fakta acak dan kebetulan yang signifikan

Kebetulan terdiri dari dua fakta yang terhubung satu sama lain untuk menentukan urutan logis. Suatu kebetulan bisa diprogram oleh kehendak manusia. Contoh klasik dari kebetulan yang sudah ada sebelumnya adalah jadwal untuk jalur transportasi penumpang. Pada jadwal yang sudah ditentukan sebelumnya, alat transportasi tiba di stasiun. Segera setelah perjalanan dilanjutkan dengan sarana transportasi lain. Tidak ada yang lebih biasa. Tetapi ada juga kebetulan yang terjadi tanpa prediksi.

Mari kita ambil contoh. Saya pergi ke supermarket dan pergi ke konter roti. Reservasi saya memiliki nomor 64.

Kemudian saya pergi ke konter ikan dan bahkan di sini reservasi saya memiliki nomor 64. Semua ini sangat biasa pada saat itu. Situasi menjadi aneh jika, keluar dari supermarket, saya naik bus nomor 64. Di bus saya bertemu seorang teman yang berusia 64 tahun pada hari itu. Saya mengucapkan selamat kepadanya dan saya turun tepat di depan kios Marconi Street 64. Dari penjual koran saya membeli nomor 64 majalah favorit saya. Pada titik ini, bagaimana menurut Anda? Saya bisa mulai bertanya-tanya apakah tidak terlalu aneh bahwa angka 64 diulang terus menerus.

Sejujurnya, urutan numerik seperti itu terjadi dengan frekuensi tertentu, tetapi kami tidak menyadarinya, karena kami sibuk memikirkan hal lain. Oleh karena itu, kebetulan yang terkait dengan nomor, seperti yang baru saja dikatakan, aneh tapi kami tidak mempertimbangkannya. Faktanya, kami tidak memperhatikan hal ini. Kebetulan-kebetulan ini tidak menjadi "signifikan". Banyak kebetulan bisa menjadi signifikan jika kita menyadarinya dan mulai membuat otak bekerja.

Pertanyaannya seharusnya: apa pentingnya ini bagi hidup saya?

Foto lama

Mary bosan. Minggu siang itu, karena pergelangan kaki yang sedikit terkilir, dia terpaksa tinggal di rumah. Dia membalik-balik semua bukunya dan kemudian mencari program TV yang menarik tetapi tidak menemukannya. Jadi dia memutuskan untuk melakukan pekerjaan kecil yang bermanfaat. Misalnya, ada poster yang harus digantung. Dia telah membelinya beberapa bulan yang lalu, dan digulung dalam wadahnya.

Kegiatan ini sepertinya terlalu menuntut. Akhirnya, ia memutuskan bahwa ini adalah waktu yang tepat untuk mengganti lapisan yang terbuat dari kertas di laci mejanya.

Laci itu lebar dan dalam. Maria mengeluarkan laci, meletakkannya di rak dan mulai mentransfer semua isinya ke dalam kotak. Ketika dia mengambil benda-benda individual, dia kagum dengan menemukan begitu banyak hal kecil yang dianggap hilang.

Ketika laci kosong, Maria membebaskan kertas bekas dari peniti yang menahannya dan menghancurkannya untuk melemparkannya. Pada saat itu ia menemukan sebuah kertas persegi panjang kecil yang menyelinap tepat di bawah penutup. Ini foto lama.

Dalam gambar itu Maria dapat melihat dirinya, jauh lebih muda, bersama dengan beberapa teman selama perjalanan sekolah yang terjadi setidaknya dua puluh tahun sebelumnya.

Maria mulai memeriksa foto itu dengan nostalgia karena dia mengenali orang-orang yang digambarkan. Tentu saja, yang di sebelah kiri adalah Paolo, dan yang di sebelahnya adalah Sergio, dijuluki "Lo Sguincio". Gadis di tengah itu adalah Arianna yang disebut "La micia". Mereka semua adalah teman yang masih dilihatnya, tetapi pria antara Laura dan Silvio, pria gemuk, siapa dia? Dia mencoba mengingat dan pada akhirnya adalah pencahayaan: tapi ya, itu "Ciccio". Pada akhir sekolah menengah keluarganya telah pindah, sehingga kontak telah memudar sampai keduanya kehilangan pandangan satu sama lain.

Untuk waktu yang lama dia sibuk berfantasi tentang masa hidupnya, sekolah, teman-teman (yang dia ingat) dan sekarang Ciccio yang keluar begitu tiba-tiba pada sore yang membosankan itu. Dia mengganti kertas itu, meletakkan kembali laci itu dan untuk malam itu dia tidak memikirkannya lagi.

Sore berikutnya, ketika dia menangani beberapa pekerjaan rumah, telepon berdering. Apakah Anda akan mempercayainya? Di ujung lain sebuah suara mulai berkata:

"Hai, apakah kamu Maria? Saya tidak tahu apakah Anda ingat saya, kami menghadiri sekolah menengah bersama dan Anda memanggil saya Ciccio ... Kemarin, mengingat kembali ke masa itu, saya ingin menghubungi kembali teman-teman lama dan nomor pertama yang saya temukan dalam daftar adalah milik Anda ...

Dua fakta yang tidak terhubung satu sama lain dapat menciptakan "kebetulan yang signifikan".

Seperti yang sudah jelas, hanya menemukan foto lama hanyalah fakta yang aneh. Tetapi panggilan telepon yang diterima Maria pada hari berikutnya membuat koneksi yang tidak terduga. Bagi Maria, penemuan foto dan panggilan telepon itu memiliki "rasa kesatuan". Ketika Maria menyatakan bahwa kedua fakta memiliki makna, kedua fakta tersebut menjadi "kebetulan yang signifikan".

Kita semua adalah protagonis dari kebetulan yang signifikan. Di lain waktu kita bisa menyaksikan kebetulan yang aneh itu. Sayangnya, bahkan jika pada awalnya kami sedikit terkejut, kami kemudian memutuskan bahwa itu adalah sebuah kasus.

Kami tentu berpikir kami telah menjalani kasus yang aneh, tetapi masih hanya sebuah kasus. Sebagai hasilnya, kami menyimpan semuanya di satu sudut pikiran.

Pada kenyataannya, "kebetulan" tidak selalu sama dengan "kasus umum". Ini ditunjukkan oleh fakta bahwa beberapa kebetulan menghasilkan masalah dalam pikiran kita yang tetap tidak terselesaikan seumur hidup. Terkadang masalah ini muncul kembali dan merangsang rasa ingin tahu kita. Kami merasakan suatu misteri yang samar-samar. Kami merasa kehilangan komunikasi yang bermanfaat. Kami curiga ada indikasi atau saran penting yang lolos dari kami.

Menurut psikoterapis terkenal Carl Gustav Jung, yang mempelajari fenomena ini untuk waktu yang lama dan menguraikan banyak teori yang dijelaskan kemudian dalam buku ini, sering kebetulan adalah fakta acak yang sederhana, tetapi terkadang tidak. Jung berhipotesis tentang keberadaan kebetulan yang bisa dianggap signifikan atau bahkan "numinous", dan memanggil mereka dengan nama "sinkronisitas".

Jung adalah orang pertama yang secara ilmiah mempelajari fenomena kebetulan yang aneh. Pertama, dia menganggap bahwa tidak ada yang bisa menyangkal keberadaan kebetulan yang aneh. Jung juga telah menyediakan alat yang cocok untuk memahami kapan suatu kebetulan dapat dianggap signifikan, atau "ditutupi dengan makna sakral", dan karenanya menjadi sinkronisitas.

Tentu saja tidak cukup untuk membedakan antara kebetulan yang umum dan kebetulan sinkronis. Kita dapat menetapkan bahwa kebetulan yang kebetulan adalah bagian dari kehidupan kita sehari-hari dan berasal dari jalinan aktivitas kita dengan peristiwa dunia di sekitar kita. Karakteristik dari kebetulan yang sama adalah bahwa mereka tidak menarik karena kami menganggap ini kebetulan biasa.

Sebaliknya, kebetulan sinkronis membuka jendela besar pada panorama misteri. Kebetulan-kebetulan ini membuat kita memasuki dunia yang keberadaannya bahkan tidak pernah kita curigai.

Di balik setiap sinkronisitas, ada seluruh alam semesta yang tidak diketahui untuk dijelajahi, dan sebuah kebijaksanaan luar biasa yang dapat digunakan untuk mengambil pelajaran. Sayangnya, kami tidak memiliki mata untuk memahami lanskap ini. Demikian juga, kita tidak tahu bahasa yang digunakan sinkronisitas untuk berkomunikasi dengan kita.

Ada masalah penyetelan antara pikiran kita dan pikiran universal yang menghasilkan semua sinkronisitas yang menguntungkan kita.

Sebuah patung kecil terbang dari jendela

Remigia, wanita tua yang melayani di gereja Malaikat Suci, sekali lagi mengamati gadis yang sama. Seperti biasa, wanita muda itu berhenti dan berlutut di belakang gereja. Kunjungannya selalu terjadi ketika gereja kosong, pada saat tidak ada layanan keagamaan.

Gadis itu selalu sangat berdoa, dan ekspresi sedihnya bisa terlihat. Namun hari itu, Remigia melihat air mata menyinari wajahnya. Wanita tua itu, karena kebaikan alaminya tetapi juga karena keingintahuan tertentu, menunggu sampai wanita muda itu selesai berdoa. Ketika dia pergi, dia mendekatinya mencoba membuka dialog, untuk menemukan alasan penderitaannya.

Melalui pertukaran pikiran dan argumen umum, dia mengumpulkan kepercayaannya. Gadis itu, yang bernama Sabina, telah melewati masa muda, dan dia sangat ingin menemukan teman untuk menciptakan keluarga. Sayangnya mimpi itu tidak terwujud.

Remigia menghibur gadis itu dan memberinya nasihat terbaik. Kemudian dia ingat bahwa di antara tugasnya sebagai kolaborator gereja dia juga harus mengurus penjualan suvenir.

Jadi wanita itu berpikir sudah waktunya untuk akhirnya menyingkirkan patung Malaikat Raffaele. Objek suci ini menggambarkan salah satu dari tiga Malaikat Agung, dan telah dipajang di balik kaca di lemari suvenir selama bertahun-tahun, karena tidak pernah dijual kepada siapa pun.

"Lihat Sabina" - Remigia berkata, ketika dia membawanya ke lemari suvenir - "Saya sarankan kamu meminta malaikat Raffaele setiap hari untuk rahmat, karena dia adalah pelindung dari pertunangan dan cinta suami-istri". Model plester ini adalah salinan dari perak asli yang ditemukan di Naples. Malaikat Raphael digambarkan bersama seorang pria muda dan seekor ikan. Pria muda itu bernama Tobias, dan dia pergi dalam perjalanan untuk menikahi seorang wanita muda bernama Sara, sesuai dengan keinginan keluarganya.

Sayangnya, Sara dirasuki oleh iblis Asmodeo, jadi setiap kali dia menikah, suaminya meninggal pada malam pernikahan mereka. Kemalangan ini sudah terjadi tujuh kali.

Tetapi Tobias tidak tahu bahwa ia akan menjadi suami kedelapan.

Untungnya, saat bepergian untuk mencapai Sara, Tobias ditemani oleh Angelo Raffaele.

Begitu sampai di tepi sungai, keduanya berhenti untuk beristirahat. Tobias pergi ke pantai untuk minum, tetapi diserang oleh ikan besar. Raffaele membantunya dan bersama-sama mereka membunuh ikan itu. Malaikat itu menyuruh Tobias untuk membuka perut ikan dan mengeluarkan hatinya; dia memerintahkannya untuk membawanya bersamanya karena itu akan memb Tobias tiba di tujuannya dan bersiap untuk merayakan pernikahan, sementara ayah Sara sudah menyiapkan makam untuknya juga. Tetapi saat itu makam itu tidak berguna.

Dengan perlindungan Raffaele, kedua pasangan menghabiskan malam pertama berdoa. Sementara itu mereka menciptakan asap dengan membakar hati ikan. Dengan cara ini iblis gagal mendekat dan dikalahkan. Sara dibebaskan dari kutukan dan hidup bahagia bersama Tobias ".

Remigia mengakhiri ceritanya dengan cara ini:

"Kamu juga, Sabina sayang, bisa mengandalkan Raffaele. Simpanlah patung kecil ini di rumah Anda, dan ucapkan doa untuk Malaikat setiap hari. Anda akan melihat bahwa dia akan segera membantu Anda.

Bayangkan, Sabina, yang masih di Naples, pada 29 September, banyak gadis pergi mengunjungi patung perak. Seperti yang kita katakan dalam dialek Neapolitan, gadis-gadis pergi " *a vasà 'o pesce 'e San Rafèle* ". (Mencium ikan ajaib St. Raphael). awa keberuntungan baginya.

Sabina, dengan harapan besar, membeli patung itu dan meletakkannya di atas lemari di rumah. Setiap hari dia membacakan doanya. Waktu berlalu: seminggu, sebulan, tiga bulan ... tetapi tidak ada yang terjadi.

Bulan keempat, pada saat putus asa, mengambil patung itu dan memandanginya dengan jijik, bergumam:

"Tapi betapa San Raffaele! Bahkan dia tidak membantu saya! "

Konon, dia melemparkan patung kecil itu ke luar jendela.

Setelah beberapa menit, dia mendengar bel pintu berdering. Dia membuka dan mendapati dirinya di depan seorang pria muda. Dengan rasa malu tertentu, dia berkata kepadanya:

"Maaf, saya melihat patung kecil ini jatuh dari jendela. Jika saya tidak salah, itu berasal dari apartemen ini, jadi saya pikir saya akan mengembalikannya. "

Sabina tertegun; dia mendudukkannya dan menawarinya kopi. Mereka berbicara tentang berbagai hal. Dia belajar bahwa pria yang baik ini bernama Giulio, dan dia masih lajang. Mereka memutuskan untuk bertemu lagi. Kemudian mereka terus bertemu lebih sering, dan akhirnya mereka menikah.

Sinkronisitas.

Dalam kisah Sabina, di mana kebetulan aneh itu bermula? Dengan kata lain, di mana serangkaian kebetulan dimulai? Mulai ketika Sabina memutuskan untuk pergi ke gereja Malaikat Suci setiap hari? Mulai ketika Remigia, penasaran, mendengarkan rahasianya? Atau apakah itu dimulai bertahun-tahun sebelumnya, ketika sebuah patung tidak pernah dijual? Atau apakah kebetulan itu dimulai ketika Giulio lewat di bawah jendela Sabina pada saat yang sama ketika gadis itu melempar patung kecil itu keluar?

Ini adalah banyak fakta, tidak terkait dan jauh dalam waktu. Namun, jika kita mempertimbangkan fakta-fakta ini bersama-sama, kita dapat melihat bahwa mereka menjadi bagian yang koheren dari sebuah cerita. Yaitu, fakta-fakta ini menjadi "signifikan" dan karenanya secara keseluruhan mereka membangun "sinkronisitas".

Istilah "signifikan" berarti sesuatu yang mengandung dan mengekspresikan suatu makna. Peristiwa penting merupakan "tanda surga". Peristiwa penting berbicara; mereka fasih, mereka luar biasa, mereka relevan.

Jung juga menggunakan istilah "numinous" yang berarti: dikelilingi oleh lingkaran kesucian. Peristiwa numinous menginspirasi rasa takut dan hormat.

Dalam kisah-kisah yang diceritakan di atas, konten suci tidak berasal dari fakta bahwa kita berbicara tentang patung santo, atau dari fakta bahwa episode Tobias diambil dari Alkitab. Keseluruhan peristiwa sinkronisitas adalah "numinous" dengan makna yang lebih luas. Faktanya layak mendapat penghormatan khusus karena ia mampu membangkitkan rasa hormat spiritual.

Kedua cerita yang saya sajikan, yaitu Maria dan Sabina, dapat dianggap sebagai episode sinkronis.

Bahkan, karakteristik mereka sesuai dengan yang ditunjukkan oleh Carl Jung untuk mengetahui apakah suatu episode adalah sinkron atau tidak.

Menurut Jung, ada tiga fitur penting untuk membedakan sinkronisitas.

Karakteristik pertama adalah bahwa dua fakta atau lebih yang membentuk sinkronisitas tidak dihubungkan oleh hubungan sebab dan akibat. Dalam konteks sinkronisitas, tidak ada fakta yang merupakan konsekuensi langsung dari fakta lain. Koneksi itu bersifat intelektual dan muncul dalam benak subjek.

Dalam contoh terkait dengan Maria, jelas bahwa panggilan yang diterima dari Ciccio bukanlah konsekuensi dari penemuan kembali foto.

Demikian pula, penolakan terhadap patung yang dibuang oleh Sabina dan lewat di bawah jendela Giulio tidak merupakan konsekuensi satu sama lain.

Karakteristik kedua sinkronisitas adalah fakta-fakta menghasilkan reaksi emosional pada orang yang terlibat. Dalam episode pertama, Maria akan mengingat sejarah selama bertahun-tahun. Dalam cerita kedua, Sabina dengan senang hati terlibat sampai-sampai dia menikahi Giulio.

Karakteristik ketiga adalah sifat simbolis fakta; Sayangnya, ini membuat mereka sulit dimengerti. Namun, bahkan ketika tidak mungkin untuk memberikan penjelasan logis mengapa peristiwa itu terjadi, orang dapat merasakan bahwa mereka menyembunyikan beberapa pesan misterius yang menunggu untuk diuraikan. Jika kita ingin mengatakannya seperti yang dilakukan Jung, kita mengatakan bahwa "mereka memiliki karakter numinous".

Bawah sadar kolektif dan arketipe

Untuk sepenuhnya memahami prinsip sinkronisitas kita perlu memeriksa teori-teori Jung.

Argumen pertama memungkinkan kita untuk memahami asal dan fungsi sinkronisitas. Jung berteori konsep, yang sudah dikenal dalam evolusi pemikiran manusia, dan menyebutnya "*ketidaksadaran kolektif*".

Dalam studinya, Jung berhipotesis bahwa jiwa manusia dapat dibagi menjadi tiga tingkatan.

Tingkat kesadaran individu

Tingkat pertama adalah apa yang kita sebut "kesadaran individu". Level ini mencakup semua yang kita ketahui tentang diri kita dan lingkungan di sekitar kita. Kesadaran mewakili kemampuan untuk memahami dan mengevaluasi fakta-fakta yang terjadi dalam lingkup pengalaman kita.

Berkat hati nurani kita tahu bagaimana meramalkan apa yang akan terjadi dalam waktu dekat kita.

Istilah "hati nurani" berasal dari bahasa Latin "*conscire*", yaitu "waspada, tahu". Dengan kata lain, kesadaran menunjukkan pengetahuan yang dimiliki setiap orang tentang dirinya sendiri dan isi mentalnya.

Karena itu kesadaran adalah tempat di mana penalaran kita dikembangkan. Keputusan dan perilaku matang dalam kesadaran. Kesadaran membuat kebijaksanaan dan membuat pilihan yang masuk akal, sesuai dengan cara kita memahami dunia.

Bagian bawah sadar individu

Tingkat kedua adalah tempat individu tidak sadar. Di sini lahir dan tumbuhkan gagasan, keyakinan, dan perilaku yang tidak tunduk pada kendali langsung kita.

Sebagai contoh, fungsi kehidupan yang penting seperti pernapasan dan kontraksi otot jantung dilakukan di sini.

Namun, di bagian kesadaran kita yang tidak kita ketahui, di atas semuanya terletak naluri, kecenderungan, sikap. Di antara ini ada juga "preferensi bawah sadar" untuk bentuk seni tertentu daripada yang lain.

Alam bawah sadar secara tidak sadar menentukan preferensi untuk satu warna atau lainnya, untuk profesi atau lainnya..

Sigmund Freud juga merujuk pada ketidaksadaran pribadi. Freud mengajarkan bahwa ini adalah wadah yang awalnya kosong, yang kemudian, dalam perjalanan kehidupan, diisi dengan semua "residu nurani yang dibuang".

Jung berpikir secara berbeda. Dia berpendapat bahwa alam bawah sadar memiliki otonomi fungsionalnya sendiri sejak awal kehidupan manusia. Memang, menurut Jung, manusia lebih banyak dikendalikan oleh alam bawah sadarnya daripada oleh hati nuraninya.

Alam bawah sadar berfungsi untuk membangun keseimbangan dengan kesadaran. Ada isi kesadaran yang bisa menjadi tidak sadar. Ini terjadi dalam mekanisme yang membuat Anda lupa.

Selanjutnya, dalam kesadaran ada informasi yang bisa dilupakan secara sukarela, karena merupakan hasil dari peristiwa yang menyakitkan. Beberapa pengalaman dapat dihilangkan karena terhubung dengan episode-episode yang membuat kita malu atau kenyataan yang ingin kita tolak.

Dalam kasus ini kami mengoperasikan "penghapusan, penindasan" yang bagaimanapun tidak pernah definitif dan total.

Faktanya, kita tidak melakukan apapun selain memindahkan ingatan dari sisi sadar kita ke alam bawah sadar.

Namun, dalam situasi tertentu, pengalaman yang tampaknya terhapus dapat muncul kembali dari alam bawah sadar.

Perbedaan utama antara tesis Freud dan Jung terletak pada fakta bahwa menurut Jung alam bawah sadar bukan hanya sebuah gudang yang secara progresif diisi dengan pengalaman yang dinilai tidak berguna oleh hati nurani.

Jung menghargai alam bawah sadar jauh lebih positif.

Menurut Jung, alam bawah sadar adalah tempat yang penuh dengan ide-ide baru dan kreatif. Di alam bawah sadar banyak konstruksi konseptual dan banyak proyek asli lahir dan tumbuh, yang berkaitan dengan masa kini dan juga masa depan.

Karena itu, menurut Jung alam bawah sadar mengandung benih-benih pengetahuan dan kreativitas. Ini adalah ide yang benar-benar orisinal, yang akan mengarah pada perumusan pertanyaan klasik: "Tapi bagaimana Anda tahu? Tapi siapa yang memberitahumu itu? "

Premisnya adalah ini: alam bawah sadar mengandung ide-ide yang tidak terkait dengan pengalaman individu; ide-ide ini selalu ada. Dari premis ini muncul "pertanyaan": jika ide-ide ini ada sebelumnya, *dari mana mereka berasal?*

Ketidaksadaran kolektif

Untuk lebih menjelaskan ketidaksadaran kolektif, kita serahkan kata itu pada Carl Jung sendiri, yang menggambarkannya dalam makalahnya tahun 1936 yang diterbitkan sebagai "Das Konzept des kollektiven Unbewussten".

> "Ketidaksadaran kolektif adalah bagian dari jiwa. Ia dapat dibedakan dari ketidaksadaran pribadi dengan fakta bahwa ia tidak berhutang keberadaannya pada pengalaman pribadi dan oleh karena itu bukan perolehan pribadi.
>
> Ketidaksadaran individu pada dasarnya terdiri dari isi yang hadir dalam kesadaran, tetapi kemudian menghilang karena mereka dilupakan atau dihilangkan.
>
> Sebaliknya, isi ketidaksadaran kolektif tidak pernah hadir dalam kesadaran dan oleh karena itu tidak pernah diperoleh secara individual, tetapi berutang keberadaan mereka secara eksklusif pada warisan.
>
> Ketidaksadaran individu terutama terdiri dari kompleks. Sebaliknya, isi ketidaksadaran kolektif pada dasarnya dibentuk oleh arketipe.
>
> Tesis saya, oleh karena itu, adalah sebagai berikut. Ada sistem psikis pertama, yang mencakup kesadaran individu kita. Ini juga termasuk

> ketidaksadaran pribadi. Di luar ini, ada sistem psikis kedua yang bersifat kolektif dan universal, yang tidak mengacu pada lingkup individu tetapi identik dalam semua individu.
>
> "Ketidaksadaran kolektif" ini tidak berkembang pada individu, tetapi diwariskan. Ketidaksadaran kolektif terdiri dari "bentuk-bentuk yang sudah ada sebelumnya", arketipe. "

Karena itu, menurut Jung, ada tingkat kesadaran yang ditempatkan di luar pikiran kita, tidak terbatas pada tengkorak kita tetapi terpisah dan otonom sehubungan dengan fisik kita.

Tingkat kesadaran ini, sebagai tingkat psikis, tidak dapat ditempatkan di mana pun. Ini bukan "benda" yang memiliki lebar, tinggi dan berat. Itu tidak bisa diambil dari sini dan dipindahkan ke sana.

Ketidaksadaran kolektif ada dalam cara yang sama seperti jiwa kita ada. Dia ada sebagai usia gunung atau kejernihan air sungai bisa ada. Tidak ada yang bisa melihat atau menimbang usia pohon atau aliran sungai, tetapi tidak ada yang bisa menyangkal bahwa mereka ada.

Ketidaksadaran kolektif adalah realitas psikis mutlak yang berisi pengalaman semua manusia, dalam bentuk arketipe.

Keuntungannya adalah bahwa semua manusia dapat "berdialog" dengan arketipe. "

Hari ini kita dapat mengatakan, menggunakan bahasa teknologi, bahwa semua informasi yang berkaitan dengan ras manusia disimpan dalam jumlah besar file yang disebut arketipe.

Karena semua manusia dapat berinteraksi dengan arketipe alam bawah sadar kolektif, maka mereka semua memiliki banyak pengetahuan, tetapi mereka tidak mengetahuinya.

Saya menulis kata-kata ini menggunakan komputer saya. Dalam ingatannya ada kamus dan program koreksi kesalahan tata bahasa. Saya tidak membuat program ini dan saya bahkan tidak tahu mereka ada sampai saya membuat kesalahan ketik.

Saya tidak tahu persis di mana "aplikasi" ini berada. Mungkin mereka ditempatkan "di awan". Namun, ketika saya melakukan kesalahan, aplikasi ini campur tangan. Beberapa kali pertama saya berdiri menatap layar dengan kata-kata kecil disorot dengan warna merah, dan saya tidak mengerti mengapa.

Berangsur-angsur saya terbiasa dan menyadari bahwa highlight merah menunjukkan kesalahan. Sayangnya, perangkat lunak sering tidak menentukan kesalahan apa itu.

Akan menarik jika bagian terbaik dari tulisan saya muncul dengan garis bawah berwarna biru, untuk menunjukkan bahwa beberapa bagian misterius dari perangkat lunak puas dengan cara saya menulis.

Mungkin saya bahkan tidak akan mengerti hal ini, karena komputer mengekspresikan dirinya dengan cara yang tidak segera dimengerti.

Seringkali perlu untuk membaca manual referensi.

Sinkronisitas adalah sesuatu seperti ini.

Kami menerima sinyal yang berasal dari "pemeriksa tata bahasa" yang ditempatkan di tempat yang tidak dikenal.

Ini adalah perangkat lunak yang tersebar di "cloud" yang sangat besar. Bicaralah dengan kami menggunakan "bahasa mesin"; itu berarti bahwa ia mengekspresikan dirinya dengan cara yang tidak dapat dipahami.

Arketipe menyerupai pemeriksa tata bahasa ini.

Terkadang arketipe meluncur ke bawah dari ketidaksadaran kolektif dan mulai memengaruhi kesadaran kita. Mereka datang untuk menyarankan koreksi pada kata-kata yang kita tulis dalam kisah hidup kita.

Kita harus menghindari perasaan jengkel ketika hal ini terjadi, bahkan jika intervensi dari arketipe menghasilkan episode yang tidak dapat dipahami, seperti kebetulan yang aneh.

Ini adalah garis merah atau biru. Kami merasakan kehadiran indra yang tersembunyi, tetapi kami tidak memahami maknanya dengan tepat.

Sebuah ide setua dunia

Carl Jung memiliki kemampuan yang layak untuk menerbitkan tesisnya tentang ketidaksadaran kolektif sesuai dengan kriteria kekakuan ilmiah.

Namun, idenya bukanlah hal baru. Sejak awal kemanusiaan dan sejak manifestasi pertama dari pemikiran manusia, kepercayaan pada tingkat psikis yang lebih tinggi telah berkembang. Konsep "dunia ide" lahir dalam peradaban Yunani.

Singkatnya, manusia selalu percaya pada entitas spiritual yang ditempatkan di atas realitas material, yang biasanya mendominasi.

Setiap kali keilahian diidentifikasi dalam objek-objek alami, seperti Matahari atau Bulan, kepribadian selalu dikaitkan dengan objek itu. Matahari terbit dan terbenam setiap hari untuk memberikan kehidupan bagi bumi.

Namun, Matahari memiliki kemauan sendiri, sehingga bisa juga memutuskan, suatu pagi, untuk tidak bangun.

Karena rasa takut ini, kebutuhan untuk memberi penghormatan dan menghormati semua dewa telah berkembang, hingga mengorganisir pemujaan dan mempersembahkan korban untuk menyenangkan mereka.

Keyakinan agama-agama animisme Paleolitik dan Neolitik berubah, pada periode klasik Yunani kuno, menjadi konsep yang lebih halus, yaitu "Jiwa dunia".

Saat ini konsep ini dikenal dengan ungkapan dalam bahasa Latin "Anima Mundi". Ini adalah konsep filosofis yang digunakan oleh para pengikut filsuf Yunani Plato untuk menunjukkan vitalitas alam. Anima mundi mengekspresikan totalitas alam dan menganggapnya mirip dengan organisme hidup yang memiliki keunikan.

Namun, pada saat yang sama, jiwa dunia terkait erat dengan jiwa setiap individu. Dengan demikian konsep ini menyiratkan sebuah alam semesta di mana "semuanya adalah satu", tetapi setiap individualitas mempertahankan karakteristik yang membedakannya.

Bekerja sama dengan Wolfgang Pauli (Hadiah Nobel untuk fisika tahun 1945) Carl Jung memperdalam kemungkinan bahwa konsep "Archetipo" dan "Synchronicity" dapat dikaitkan dengan kenyataan yang mendefinisikan "Unus mundus".

Ini adalah kenyataan dari mana segala sesuatu muncul dan segala sesuatu kembali kepadanya.

Ini sama dengan konsep "Anima mundi" yang berasal dari "monisme" Plato yang kemudian dikembangkan oleh para filsuf Neoplatonis.

Filosofi dan agama telah menerima dan mengintegrasikan konsep Jiwa dunia.

Hari ini konsep ini hadir, dengan nama yang berbeda, dalam filsafat Timur. Kita bisa mengingat "Tao" dari kebudayaan Cina, atau "Atman" dari kebudayaan India. Tetapi kita menemukan konsep ini juga dalam religiusitas Barat, dalam sosok "Roh Kudus".

Budaya sekuler juga mengacu pada Jiwa dunia dengan banyak nama berbeda seperti, misalnya, Pikiran universal, Kesadaran Global, Roh dunia.

Berbicara tentang "ketidaksadaran kolektif" kita tidak merujuk pada Entitas mana pun tetapi kita menekankan bahwa ada kesamaan kuat dengan masing-masing Entitas tersebut.

Pola dasar

Dengan demikian, ketidaksadaran kolektif membangkitkan banyak kesamaan dengan konsep spiritual yang diuraikan dalam evolusi budaya manusia.

Kesamaan lainnya ditimbulkan oleh konsep lain yang dikaitkan dengan "ketidaksadaran kolektif" oleh Carl Jung. Mari kita bicara tentang "arketipe".

Arketipe adalah kategori konseptual yang dianggap mirip dengan struktur purba seperti yang khas mitos dan agama, tetapi juga mirip dengan karakter dongeng budaya populer.

Bahkan, Jung sendiri percaya bahwa dia belum mengusulkan sesuatu yang baru. Dia mengakui bahwa arketipe dapat dianggap mirip dengan tipologi mitologis utama dari setiap zaman sejarah dan setiap ras manusia.

Oleh karena itu, arketipe dapat menjadi tak terbatas seperti kapasitas pemikiran manusia untuk menghasilkan situasi nyata atau fantastis tak terbatas.

Ada pola dasar kematian dan pola dasar ketakutan, pola dasar kekejaman yang tidak masuk akal dan pola dasar belas kasih untuk rasa sakit.

Ada juga semua arketipe yang terhubung dengan visi yang dihasilkan oleh impian kita. Dalam mimpi, figur mimpi menjadi simbol, yaitu, mereka menjadi arketipe. Mari kita bicara tentang tokoh-tokoh seperti kuda, laba-laba, lompatan menuju kehampaan atau serigala yang mengejar kita.

Setiap sosok yang dibayangkan oleh pikiran kita hadir sebagai pola dasar dalam ketidaksadaran kolektif. Setiap tokoh memiliki makna yang tidak sesuai dengan tokoh itu sendiri, tetapi memiliki nilai simbolik. Misalnya, kuda melambangkan keinginan untuk melakukan perjalanan di dunia spiritual.

Bahkan Plato, seperti Jung, percaya bahwa arketipe milik kita berdasarkan warisan, tanpa secara langsung mengalami isinya.

Filsuf percaya bahwa kita tahu arketipe karena kita sudah melihat mereka sebelum dilahirkan. Untuk mendukung teori ini ia menggunakan "doktrin kenang-kenangan". Jiwa kita, sebelum memasuki tubuh, hidup di "Dunia Gagasan".

Di dunia ini jiwa telah memperoleh ilmunya, yang tidak hilang ketika jiwa yang sama terwujud dalam tubuh. Karena itu Plato menyatakan bahwa "tahu adalah mengingat" karena kita akan memperoleh pengetahuan sebelum lahir.

Sebaliknya, ketidaksadaran kolektif Jung adalah tempat di mana ide-ide tidak dapat diakses oleh jiwa kita sebelum lahir. Ide-ide ini, yaitu arketipe, dimanifestasikan dalam individu kita secara tidak sadar hanya setelah kelahiran sepanjang hidup kita.

Terkadang kita menganggap arketipe sebagai konsep abstrak. Jung tidak menganggap mereka demikian, karena keabstrakan tidak memiliki "bentuk" sendiri.

Jung, di sisi lain, percaya bahwa arketipe mampu memanifestasikan diri dengan mengasumsikan "bentuk".

Karena mereka mampu "mengambil bentuk" di alam bawah sadar kita, arketipe adalah sumber "energi psikis". Mereka mampu membiarkan potensi mereka mengalir ke manusia melalui mimpi, kebetulan aneh, firasat dan wawasan spiritual yang merupakan dasar dari episode sinkronistis

Perbedaan antara konsepsi Plato dan konsepsi Jung terletak pada proses di mana individu mengetahui ide-ide yang diwariskan yang tidak terkait dengan pengalaman.

Menurut Plato, jiwa tahu ide-ide sebelum masuk ke dalam tubuh.

Sebaliknya, menurut teori Jung, arketipe mengintervensi dalam alam bawah sadar individu hanya setelah kelahiran dan sepanjang hidup.

Perbedaan ini menjadi lebih jelas jika kita menganggap bahwa, menurut Jung, tindakan arketipe menjadi jauh lebih kuat di saat-saat di mana individu melewati saat-saat stres atau saat-saat krisis dan transformasi.

Pada kenyataannya, bagian sadar dari individu lebih rasional dan lebih cenderung menerima kompromi dengan realitas kehidupan.

Sebaliknya alam bawah sadar lebih naluriah dan imajinatif, dan seringkali tidak takut untuk memulai perilaku naluriah dan irasional.

Akibatnya, bagian sadar dari individu meningkatkan penghalang solid proyeksi untuk menjaga naluri bawah sadar.

Ini tidak selalu baik, dan sering kali tidak berhasil. Ada saat-saat ketika penghalang yang ditimbulkan oleh kesadaran bergetar atau bahkan runtuh. Itu adalah saat-saat krisis eksistensial, seperti kehilangan pekerjaan, atau akhir suatu hubungan, atau hilangnya anggota keluarga.

Dalam kasus-kasus ini, hati nurani yang rasional mengalami trauma, karena bertentangan dengan kenyataan yang tidak dapat dibayangkannya bisa begitu kejam dan menyakitkan.

Hati nurani mempertanyakan semua keyakinannya dan bertanya-tanya kesalahan apa yang telah dibuatnya.

Dalam kasus ini pertahanan diturunkan, penghalang perlindungan menjadi diatasi.

Melalui alam bawah sadar individu, aliran materi psikis tercipta yang melampaui penghalang dan dapat mengambil bentuk sinkronisitas.

Karena itu, biasanya, sinkronisitas selalu menyertai perlunya perubahan. Terkadang mendahului atau mengusulkannya. Namun, ia selalu melakukannya dalam bentuk simbolis, menggunakan bahasa yang sangat sulit untuk diuraikan.

Di antara banyak contoh yang ada di arsip Jung, mungkin yang paling terkenal adalah yang terjadi selama terapi pasien.

Dalam esainya yang diterbitkan pada tahun 1952 dengan judul "*Synchronicity: An Acausal Connecting Principle*" Jung menggambarkan peristiwa itu dengan kata-kata ini:

> "Seorang wanita muda bermimpi pada saat yang menentukan dalam terapinya. Dalam mimpi itu pasien menerima kumbang emas sebagai hadiah. Sementara wanita muda itu menceritakan mimpi ini kepada saya, saya duduk dengan punggung menghadap ke jendela yang tertutup.
>
> Tiba-tiba aku mendengar suara di belakangku, seolah ada yang mengetuk jendela dengan lembut.
>
> Aku berbalik dan melihat serangga bersayap yang, dari luar, menabrak jendela. Saya membuka jendela dan menangkap serangga itu. Itu sangat mirip dengan kumbang emas, yaitu, dengan "Cetonia aurata", kumbang mawar.
>
> Jelas, serangga itu merasa terdorong, pada saat itu, untuk memasuki ruangan

> gelap kami. Ini, bertentangan dengan kebiasaannya.
>
> Saya harus menambahkan bahwa kasus seperti itu tidak pernah terjadi pada saya sebelumnya dan tidak pernah terjadi pada saya sesudahnya; Mimpi pasien itu tetap menjadi fakta unik dalam pengalaman saya. "

Belakangan Jung berkomentar bahwa pasien adalah kasus yang sangat sulit, sampai hari itu, dia bahkan tidak mengalami perbaikan kecil. Dia adalah wanita yang sangat rasional dalam keyakinannya. Peristiwa luar biasa diperlukan untuk mengguncangnya, tetapi Jung tidak bisa memproduksinya.

Memimpikan scarab telah menghasilkan hasil ini, karena. dia membuat pasien terkesan, jadi dia mulai mengurangi zirahnya.

Namun, ketika serangga itu benar-benar masuk melalui jendela, wanita muda itu memiliki reaksi yang jauh lebih kuat. Jung menggambarkan reaksinya sebagai berikut:

> "Esensi alaminya berhasil memecahkan baju besi dan proses transformasi yang harus selalu menyertai terapi, mulai lepas landas".

Kemudian Jung menjelaskan peristiwa itu dalam istilah psikoterapi dan menjelaskan mengapa episode itu terbukti efektif untuk pemulihan gadis itu.

Jung menunjukkan bahwa kumbang adalah simbol klasik kelahiran kembali. Menurut deskripsi buku Mesir kuno "Am-Tuat", Dewa Matahari, di jalan setelah kematiannya, berubah menjadi scarab pada tahap kesepuluh.

Dalam bentuk ini Matahari naik ke tingkat kedua belas. Di sini ia meremajakan dan bisa naik perahu yang membawanya ke langit fajar. Dengan cara ini Dewa Matahari dapat dilahirkan kembali di hari yang baru.

Bagaimana sinkronisasi terjadi

Sinkronisitas terjadi dalam kehidupan manusia, tiba-tiba, ketika jiwa yang sakit merasakan beberapa analogi antara kebutuhannya dan arketipe dari ketidaksadaran kolektif.

Dalam kasus ini, jiwa dapat menggunakan arketipe melalui alam bawah sadar.

Memang, arketipe sangat ingin berkolaborasi dalam kesejahteraan individu. Menurut beberapa teori, arketipe yang sama memiliki kemampuan untuk mengambil inisiatif.

Perbedaannya sangat besar. Dalam kasus pertama kita mengandaikan keberadaan wadah psikis dari mana informasi yang selalu terkandung dapat diekstraksi, seperti air dari sumur.

Dalam kasus kedua, sebagai gantinya, kita membayangkan keberadaan Intelejen superior yang mampu mengetahui kebutuhan individu dan mengintervensi dengan bantuannya sendiri kepada mereka.

Dalam kebanyakan kasus, hipotesis kedua tampaknya paling mungkin. Menganalisis berbagai kasus sinkronisitas, kita semua akan dituntun untuk mengidentifikasi arah, atau bahkan kehadiran "Roh universal". Kita berbicara tentang "jiwa dunia" yang mampu membuat dirinya hadir dan bekerja demi semua makhluk, tanpa batas ruang dan waktu. Kita dapat memanggil Roh ini dengan nama yang kita inginkan.

Dengan cara ini alam semesta menjadi realitas kesatuan, saling berhubungan (terjerat) di semua bagiannya.

Setiap elemen yang tampaknya terpisah, pada dasarnya, merupakan satu hal dengan keseluruhan.

Manusia, dalam individualitasnya, yaitu, dalam egonya, menjadi molekul, bagian dari organisme yang lebih besar yang dapat kita sebut Cosmos cerdas.

Cosmic Mind (atau Universal Mind) melindungi manusia dan membimbingnya melalui episode-episode sinkronis.

Jung menyebut realitas penyatuan materi dan pikiran ini sebagai "das Psychoide". Ini adalah level yang berada di atas materi dan jiwa, tetapi mencakup keduanya.

Terlebih lagi, seperti yang telah kita lihat dalam contoh-contoh sebelumnya, ketidaksadaran kolektif sama sekali tidak menyerupai kumpulan barang yang ditumpuk, tetapi memiliki kecerdasan yang diperluas ke masa lalu dan masa depan.

Kecerdasan ini tidak dapat dijelaskan oleh kategori pemikiran kita. Kita terbiasa dengan dunia di mana segala sesuatu terjadi satu demi satu. Dalam pengalaman kami, setiap fakta adalah "konsekuensi" dari fakta sebelumnya dan "penyebab" dari fakta berikutnya.

Pada tingkat ketidaksadaran kolektif, informasi dapat mencapai kesadaran dalam urutan apa pun, tanpa menghormati jalannya waktu. Ini terjadi ketika firasat memperingatkan kita tentang sesuatu sebelum fakta itu terjadi. Itu juga terjadi ketika "panggilan telepati" memberi tahu kita situasi berbahaya seseorang yang kepadanya kita terikat oleh ikatan persahabatan. Dalam hal ini komunikasi tidak memiliki batas waktu atau jarak. Orang itu mungkin ratusan mil jauhnya.

Ada ribuan kesaksian orang yang terbangun di tengah malam, ketika seorang teman diserang atau terlibat dalam kecelakaan.

Ada juga banyak kesaksian tentang pengetahuan kematian seseorang yang tinggal jauh. Pengetahuan ini lahir pada saat yang sama ketika orang tersebut meninggal.

Kita dapat meringkas karakteristik khas dari fenomena sinkronis dalam beberapa pernyataan berikut.

Sinkronisitas adalah jumlah dari dua atau lebih fakta utama yang tidak secara logis dihubungkan bersama.

Fakta-fakta ini memiliki makna tersembunyi dan hanya dapat dipahami oleh orang yang terlibat dalam sinkronisitas.

Sinkronisitas terjadi dalam dua bagian. Bagian pertama adalah ini. Di mana saja di dunia dan kapan saja seseorang menerima gambar di alam bawah sadarnya. Dia dapat menerimanya dalam bentuk mimpi, firasat, panggilan telepati, ide tiba-tiba, gambar langsung atau gambar simbolik.

Bagian kedua adalah ini: di tempat mana pun di dunia dan kapan saja, peristiwa atau fakta nyata mengkonfirmasi gambar yang diterima oleh orang tersebut.

Atau orang yang menerima sinkronisitas dapat menafsirkannya sebagai panduan untuk perbaikan hidupnya.

Penulis Amerika Louis L'Amour, (nama samaran Louis Dearborn LaMoore) menceritakan di situs webnya kisah luar biasa tentang Ny. Sarah Richley, seorang ibu rumah tangga yang pendiam. Putranya, Peter, sangat menyukai laut. Peter, sebagai orang dewasa, memutuskan untuk memulai dan menghabiskan hidupnya dalam elemen yang sangat ia cintai. Dia melakukannya terlepas dari kekhawatiran dan pendapat yang bertentangan dari ibunya. Baik karena kelalaian dan kesulitan dalam mempertahankan kontak dengan daratan, ibu dan anak kehilangan pandangan satu sama lain.

Ini adalah prolognya. Berikut ini, cerita berlangsung dalam dua babak.

Babak pertama akan berfungsi untuk menceritakan petualangan yang dijalani Peter di salah satu perjalanannya, pada tahun 1829. Ini adalah fakta yang benar-benar terjadi, dengan tekun ditranskripsikan dalam daftar angkatan laut.

Fakta-fakta luar biasa ini juga dimasukkan dalam volume ketujuh "Ensiklopedia Besar Laut" yang disutradarai oleh dokumenter terkenal Folco Quilici.

Pada Oktober 1829 sekunar Australia "Mermaid" berlayar dari Sydney ke Collier Bay, di bagian barat benua Australia, di bawah komando Samuel Nolbrow.

Kapal itu memiliki 18 awak, termasuk Peter Richley, dan juga membawa tiga penumpang.

Pada hari keempat navigasi, ketika kapal berada di Selat Torres yang sangat berbahaya, antara Australia dan Papua, hal yang tidak dapat diperbaiki terjadi.

Tepi awan yang mengancam mendekat.

Angin berhenti dan kapal tidak bisa bergerak. Di tengah malam, badai dahsyat melanda kapal.

Sekunar "Putri Duyung" berulang kali menghantam tebing karang dan hancur terlepas dari usaha keras kru.

Ke-21 pria itu meninggalkan kapal karam itu dan menyelam ke laut untuk berenang ke batu.

Kapten, yang datang terakhir, menemukan bahwa semua 21 aman.

Para penyintas menghabiskan tiga hari tiga malam di atas batu.

Pada hari keempat brig bernama "Swiftsure" berlayar di daerah itu. Dia melihat orang-orang buangan yang selamat dan menyelamatkan mereka

Namun, setelah lima hari, Swiftsure juga menghadapi arus laut yang bergolak dan tenggelam.

Semua pria buru-buru meninggalkan kapal. Kali ini juga semua orang diselamatkan.

Untungnya, setelah waktu yang singkat, ia melewati sekunar yang disebut "Gubernur Siap", yang memiliki 32 awak.

Sekunar mengambil orang-orang yang masih hidup dari dua kapal yang sebelumnya telah tenggelam.

Sayangnya, peristiwa negatif itu belum berakhir. Sekunar melanjutkan perjalanannya tetapi terbebani oleh beban terlalu banyak orang.

Tidak banyak jam berlalu ketika kebakaran terjadi di atas kapal.

Mungkin api telah dinyalakan oleh orang buangan tanpa hati-hati.

Tidak ada yang berhasil menjinakkan api dan semua kru "Mermaid", "Swiftsure" dan "Governor Ready" dipaksa untuk naik ke sekoci.

Namun, juga kali ini mereka yang selamat dapat berterima kasih atas keberuntungan karena setelah beberapa waktu pemotong Australia bernama "Comet" muncul di cakrawala.

Karena kebetulan yang beruntung, kapal ini telah didorong keluar dari jalur navigasi oleh badai, jadi dia bertemu dengan sekoci.

Ketika para pelaut "Komet" mengetahui bahwa orang-orang itu selamat dari tiga bangkai kapal, mereka menyesal telah menyelamatkan mereka.

Namun, sekarang mereka sudah di atas kapal.

Di atas kapal iklim yang penuh ketegangan lahir karena para pelaut "Komet" yakin bahwa orang-orang itu ditemani oleh nasib jahat. Mereka takut nasib yang sama juga akan memengaruhi "Komet".

Mereka tidak salah.

Setelah lima hari navigasi, Komet juga mengalami kecelakaan kapal. Kali ini tidak ada sekoci untuk semua orang, jadi banyak pelaut tetap berada di dalam air menempel pada sisa-sisa kapal yang tenggelam. Mereka dipaksa untuk bertahan selama 18 hari, sebelum diselamatkan oleh kapal dari layanan pos Australia, yang disebut "Jupiter".

Hebatnya, setelah empat bangkai kapal tidak ada korban di antara kapal karam. Memang, tidak ada yang terluka kecuali memar kecil yang bisa dibayangkan.

Mungkin, dalam semua urusan ini Peter Richley gagal menyadari antusiasmenya untuk berlayar. Tapi ceritanya belum berakhir. Setelah navigasi singkat, bahkan kapal "Jupiter" menabrak batu dan tenggelam.

Untungnya, kapal penumpang "Kota Leeds" berlayar di dekat kapal karam terakhir ini. Kapal ini menyelamatkan semua orang yang selamat dari lima kapal karam, dan membawa mereka ke tempat yang aman di Sydney.

Di kota Australia ini semua orang buangan menceritakan petualangan mereka.

Narator, di "Encyclopedia of the sea" mengakhiri ceritanya dengan komentar ini:

> "Kebetulan sederhana? Mungkin, tetapi dalam kasus seperti ini tampaknya ada Will yang lebih tinggi.
>
> Will ini mengelola peristiwa yang dihasilkan oleh kasus ini dan mengarahkannya ke kesimpulan yang tampaknya sesuai dengan keinginan manusia ... "

Di sini berakhir cerita yang telah kita definisikan sebagai "First Act".

Namun, sejauh menyangkut Peter Richley, cerita itu belum selesai.

Sebelum ia turun, saat masih di atas kapal "Kota Leeds", Peter menjalani babak kedua sejarah. Babak kedua ini, jika mungkin, bahkan lebih luar biasa daripada babak pertama.

Mari kita kembali ke kisah penulis Louis L'Amour. Kali ini semuanya terjadi di atas kapal penumpang City of Leeds.

Kapal ini telah meninggalkan Inggris dan bepergian ke Sidney. Ini membawa penumpang dari berbagai latar belakang sosial yang ingin mencapai Australia karena berbagai alasan.

Mempertimbangkan ketidaknyamanan bepergian dengan kapal di abad kesembilan belas, para pelancong kebanyakan muda dan kuat, yang menikmati kesehatan yang baik.

Biasanya dokter di kapal tidak memiliki masalah besar dalam melaksanakan pekerjaannya.

Dalam perjalanan ini, bagaimanapun, dokter menemukan dirinya dalam kesulitan besar karena seorang wanita tua bepergian sendirian.

Pada satu titik, wanita tua itu pingsan karena beratnya tahun dan penyakitnya. Akibatnya, wanita itu telah dirawat di rumah sakit on-board.

Dokter telah bertanya kepadanya beberapa kali:

"Tapi mengapa kamu, Nyonya Tua, ingin melakukan perjalanan ini dari Inggris ke Australia?"

Setiap kali wanita itu menjawab bahwa dia tidak mendengar kabar dari putranya selama bertahun-tahun. Karena dia baru-baru ini mengetahui bahwa putra ini bekerja di kapal-kapal di sepanjang rute pantai Australia, dia memutuskan untuk berangkat untuk dapat menemukannya.

Setiap kali, dalam dialog ini, wanita tua itu mengambil potret kecil dari dompetnya untuk menunjukkan wajah pemuda itu kepada dokter.

"Ini putraku. Cukup bertemu dengannya sekali dan kemudian saya bisa mati dengan tenang. Tolong saya, dokter. "

Dokter itu orang yang sensitif dan dia ingin membantunya, tetapi dia tidak tahu bagaimana melakukannya.

Setelah salah satu dialog ini, dokter melakukan kunjungan pemeriksaan ke beberapa pria kapal karam yang dikumpulkan di laut.

Ementara dia masih memiliki citra pemuda itu itu di matanya, dia mendapati dirinya menghadap seorang pelaut yang wajahnya sangat mirip.

Pelaut itu memiliki rambut gelap, dahi tinggi, hidung bengkok, bibir tipis dan dagu yang menonjol. Pada pemeriksaan yang dangkal, ia mungkin menyerupai potret itu. Bahkan usia pelaut bisa sesuai. Memang, ada kemiripan yang bagus.

Dokter tersentak oleh sebuah ide.

Mengapa tidak mempersembahkan pemuda ini kepada wanita tua itu, yang pandangannya tidak lagi sempurna? Tipuan jinak ini akan memungkinkan wanita tua itu dengan tenang mengakhiri hidupnya.

Dokter menjelaskan semuanya kepada pemuda itu dan bertanya apakah dia ingin meminjamkan dirinya untuk memainkan peran putra. Tetapi pemuda itu tidak mau tahu.

Dokter bersikeras mengatakan:

"Pada dasarnya Anda hanya akan melakukan pekerjaan yang baik. Anda harus berpura-pura selama beberapa menit bahwa nama Anda adalah Peter. "

Pria muda itu mulai menyerah.

"Jadi aku tidak akan berbohong, karena namaku benar-benar Peter. Tapi saya ingin tahu lebih banyak. Siapa sebenarnya wanita ini? "

"Ini wanita Inggris, Sarah Richley tertentu."

Peter muda memucat dan getaran yang dalam mengguncang seluruh tubuhnya, lalu berseru:

"Tapi ini ibuku!"

Wanita tua itu benar-benar ibunya.

Kasus ini menghasilkan hasil bahwa keduanya bertemu karena lima kapal karam.

Tetapi apakah ini benar-benar terjadi secara kebetulan, atau apakah itu merupakan serangkaian sinkronisitas yang luar biasa?

Untuk pecinta cerita dengan akhir yang bahagia, kita akan mengatakan bahwa wanita itu, setelah kegembiraan menemukan putranya, memulihkan kesehatannya dan hidup selama bertahun-tahun.

Dia tidak lagi kehilangan kontak dengan Peter. Namun, putranya terus berlayar.

Beberapa sumber di web mendokumentasikan cerita ini, misalnya:

http://tardis.wikia.com/wiki/Sarah_Richley

Pastor Pantekosta Philip Harrelson ingat setiap tahun kisah ini, dalam khotbahnya pada kesempatan Hari Ibu. Kebiasaan ini diingat di situs web pendeta:

https://www.sermoncentral.com.

Beberapa berpendapat bahwa cerita itu tidak benar, karena peristiwa itu terjadi pada tahun 1829 sementara kapal Kota Leeds diluncurkan kemudian.

Sebenarnya setiap laut penuh dengan kapal dengan nama yang sama.

Selain "Kota Leeds" dalam sejarah kita, "Kota Leeds" lainnya diluncurkan pada tahun 1903, bersama dengan kembarannya "Kota Bradford". Kapal lain diluncurkan pada tahun 1950 dengan nama "Kota Ottawa", tetapi kemudian diganti namanya menjadi "Kota Leeds" pada tahun 1971.

Dua kapal kargo lain dengan nama "Kota Leeds" diluncurkan pada tahun 1908 dan 1944.

Sinkronisitas adalah emanasi dari Pikiran universal.

Adakah bukti konklusif bahwa sinkronisitas bukanlah ilusi jiwa kita? Bisakah kita berargumen dengan masuk akal bahwa sinkronisitas berasal dari Pikiran yang lebih tinggi?

Kami menemukan bukti ini ketika kami menemukan keberadaan episode sinkronisasi yang melibatkan lebih banyak orang dalam pembangunan suatu peristiwa yang hanya mempengaruhi satu dari mereka.

Peristiwa serupa diwakili oleh urutan fakta luar biasa yang baru saja saya usulkan dalam cerita sebelumnya. Saya ingin mengingatkan Anda bahwa ini adalah fakta yang didokumentasikan dalam Daftar Angkatan Laut.

Tapi ini tidak cukup, masih banyak lagi.

Sinkronisitas tidak hanya campur tangan dalam kehidupan individu atau kelompok kecil orang. Memang, fenomena ini campur tangan untuk membentuk nasib kolektif dunia.

Sinkronisitas memandu komunitas orang, orang, bangsa, dan seluruh dunia menuju tingkat pengetahuan yang lebih tinggi.

Ini adalah jalur evolusi budaya dan spiritual. Sinkronisitas memandu manusia menuju tujuan yang tidak diketahui yang hanya bisa dibayangkan.

Ilmuwan Jesuit Pierre Teillard de Chardin berteori tentang keberadaan "Omega Point".

Ini adalah tingkat kompleksitas dan kesadaran tertinggi. Saya percaya bahwa "Pikiran Kosmik" menggunakan sinkronisitas untuk memimpin umat manusia ke "Titik Omega".

Banyak orang merenungkan keanehan aneh evolusi spesies manusia. Pria itu muncul sekitar 4 juta tahun yang lalu. Sejak saat itu, manusia telah hidup selama jutaan tahun, dalam kondisi yang kejam dari Zaman Batu

.Dalam 12.000 tahun terakhir, di sisi lain, manusia telah mengalami lompatan evolusi yang luar biasa yang telah membawanya dari Zaman Batu ke Zaman Besi dan kemudian ke Zaman Informasi, yang saat ini kita alami.

Apakah logis bahwa selama jutaan tahun umat manusia belum mencapai lompatan evolusi yang signifikan, (terlepas dari kemampuan mengerjakan batu dengan cara yang berbeda) dan kemudian dalam periode yang sangat singkat ia telah mencapai tingkat peradaban saat ini?

Hanya dalam 0,003% terakhir dari evolusinya manusia dapat mengembangkan teknologi baru yang telah mengubah kota dari kumpulan gubuk jerami menjadi kelompok besar pencakar langit.

Harus ditekankan bahwa hewan, walaupun memiliki waktu historis yang sama, tidak menyadari evolusi spiritual atau perilaku.

Ilmu pengetahuan tertentu yang menyatukan manusia dan hewan tidak tahu bagaimana menjelaskan fakta ini.

Jika semuanya tergantung pada manusia, evolusi kita seharusnya terjadi secara bertahap dari waktu ke waktu.

Tapi tidak, semua perkembangan kita, dari penemuan pertanian dan seterusnya, terjadi di bagian minimal dari perjalanan kita melalui sejarah.

Mungkinkah membayangkan bahwa akhirnya, setelah 99,997% dari perjalanan kita, "Seseorang" atau "Energi" memutuskan bahwa itu adalah waktu yang tepat untuk umat manusia?

Seseorang, setelah empat juta tahun, akhirnya memutuskan bahwa umat manusia harus "didorong", "dibimbing" ke tahap yang lebih tinggi dari keberadaannya?

Dalam empat abad terakhir kita telah mengalami periode materialisme yang mendalam. Pada saat ini keberadaan apa yang tidak dapat ditimbang, diukur dan direproduksi di laboratorium ditolak.

Berlawanan dengan kecenderungan materialistis ini, banyak sinkronisitas, yang telah berkembang sejak abad terakhir, ingin mengarahkan dunia pada kesadaran bahwa Kosmos tidak semata-mata terbuat dari materi.

Kosmos memiliki dua dimensi, materi dan psikis.

Banyak peristiwa dalam dekade terakhir mengkonfirmasi hal ini. Kita ingat:

- Karya-karya Carl Jung, seorang psikolog bergengsi.

- Pertemuan dan kolaborasi Jung dengan Wolfgang Pauli, hadiah Nobel untuk fisika.

- Perkembangan fisika kuantum dan penemuan fenomena "keterjeratan" yang akan kita bahas di bagian kedua buku ini.

Semua peristiwa ini dan banyak peristiwa terkait lainnya dapat dianggap sebagai bagian dari sinkronisitas yang hebat.

Ini adalah sinkronisitas yang menyebabkan runtuhnya mitos-mitos palsu yang dengannya alam semesta hanya dibuat dari materi yang didominasi oleh kausalitas.

Pada saat yang sama, sinkronisitas global ini meramalkan lompatan evolusi baru umat manusia. Di tingkat baru ini alasan-alasan jiwa, yang telah lama tertahan oleh materialisme, akan menemukan tempat dan kepentingan mereka.

Semua ini indah, tapi ... di mana konfirmasi ilmiahnya?

Semua yang telah dikatakan sejauh ini telah berbenturan, dan terus berbenturan, dengan bagian mayoritas mutlak dari kalangan ilmiah.

Lingkungan ini menyangkal, sebagai prinsip, keberadaan apa pun yang dapat didefinisikan sebagai "psikis" atau "spiritual".

Mereka mengklaim bahwa seluruh alam semesta hanya terdiri dari "benda", yaitu materi. Penafsiran materialis tentang sains modern ini lahir pada abad ke-18, dengan munculnya Pencerahan.

Pencerahan

Pencerahan, yang lahir sekitar tahun 1700 di Inggris, adalah gerakan filosofis, politis, kultural, dan sosial. Penafsiran realitas ini berkembang pesat di seluruh Eropa dan mencapai puncaknya di Prancis.

Nama "Pencerahan" berasal dari kehendak promotor dan anggotanya. Mereka ingin "menerangi pikiran" manusia lain yang, menurut pendapat mereka, dikaburkan pada masa itu oleh takhayul dan ketidaktahuan.

Pencerahan diadopsi dan diambil alih masyarakat yang berbudaya dan aristokrat, terlepas dari kontras kekuatan gerejawi.

Tetapi pada akhirnya visi materialis menang dan berhasil memaksakan dalam kebiasaan sosial nilai-nilai-nilai yang menyangkal semangat

Dari para filsuf awal dan seterusnya dianggap bahwa akal adalah sarana yang berguna untuk merenungkan kebenaran. Sebaliknya, para pengikut Pencerahan menganggap alasan sebagai alat praktis, operasional, dan fungsional untuk pengembangan kemajuan mekanis.

Menurut Pencerahan penaklukan nalar tidak lagi dalam spekulasi filosofis, tetapi dalam pencapaian hasil praktis.

Pencerahan berpendapat bahwa akal hanya berguna jika ia berhasil menjelaskan fakta dan hal-hal dengan rasionalitas, tanpa merujuk pada argumen metafisik.

Dalam keinginan untuk membebaskan manusia dari ketakutan yang tidak masuk akal dari yang tidak diketahui, Pencerahan mengklaim bahwa setiap orang memiliki dalam dirinya kemampuan untuk memahami kenyataan yang mengelilinginya. Namun, untuk mencapai tujuan ini, manusia harus membebaskan dirinya dari kepercayaan takhayul.

Menurut Enlightenmentists, kepercayaan ini dipaksakan oleh kekuatan yang tertarik untuk menjaga orang-orang dalam ketidaktahuan untuk dapat mendominasi dengan lebih mudah.

Niatnya bagus. Sayangnya, dalam revolusi besar niat selalu baik, sampai diterapkan. Dalam praktiknya sering terjadi bahwa anak dimandikan dan kemudian dibuang dengan air kotor.

Kecenderungan Pencerahan ini terus menyebabkan kerusakan dalam masyarakat modern.

Salah satu prinsip utama Pencerahan menyatakan bahwa dunia adalah sebuah mesin. Mesin ini mengikuti hukum fisika yang dikenal dan yang belum diketahui. Sayangnya, mesin tidak memiliki tujuan. Tidak ada tujuan di seluruh ciptaan, dan akibatnya tidak ada tujuan dalam keberadaan manusia. Manusia juga merupakan mesin yang melakukan fungsi vitalnya tanpa tujuan apa pun. Saat alat rusak, ia dibuang.

Denis Diderot adalah penulis, bersama-sama dengan Jean-Baptiste D'Alembert, dari Encyclopedia terkenal yang diterbitkan dalam 17 volume dari 1751 hingga 1772. Dengan demikian Diderot berperan sebagai seorang ilmuwan:

> "Profesi ilmuwan adalah mengajar dan tidak memberi pelajaran moral. Dalam ajarannya, ilmuwan harus mengesampingkan "mengapa", dan hanya melihat "bagaimana".
>
> "Bagaimana" berasal dari benda, dari makhluk. Alih-alih, "mengapa" hanyalah

> buah akal. Akal itu tidak dapat diandalkan. Berapa banyak ide yang absurd, berapa banyak asumsi yang salah, berapa banyak konsep chimerical yang ditemukan dalam lagu-lagu untuk menghormati Sang Pencipta! "

Terlepas dari penolakan terhadap semua spiritualitas dan visi tentang realitas tanpa tujuan dan berdasarkan kebetulan, Pencerahan menolak untuk dianggap materialistis. Filsuf Voltaire mengulangi beberapa kali bahwa dia tidak merasa siap untuk memutuskan apakah materialisme atau spiritualisme.

Umur lampu dan salon sastra

Justru karena perluasan Pencerahan yang dimulai pada abad ke delapan belas, periode sejarah itu mengambil nama "Siècle des Lumières".

Di antara protagonis utama kita dapat mengingat Voltaire Prancis, Montesquieu dan Fontanelle. Tetapi para protagonis ini mengakui bahwa mereka diilhami oleh filsafat Inggris berdasarkan pada alasan empiris dan pengetahuan ilmiah, yaitu, pada unsur-unsur utama dari pemikiran Locke, Newton dan Hume.

Pencerahan menerima bantuan besar dari salon sastra.

Tradisi budaya ini hadir di Prancis sejak zaman Louis XIV.

Pada waktu itu ada wanita, yang dikenal karena budaya dan keduniawian mereka. Para wanita ini mengadakan pertemuan

di ruang keluarga mereka, yang disebut "bureaux d'esprit".

Kadang-kadang penyelenggaranya adalah seorang pria dengan reputasi sosial yang baik.

Dengan demikian, pertemuan "biro d'esprit" ini diselenggarakan oleh anggota berpengaruh dari kelas menengah ke atas atau aristokrasi. Penyelenggara ini mengundang selebriti untuk berbicara dan mendiskusikan topik saat ini. Di antara yang lain, ruang tamu Nyonya Geoffrin terkenal.

Wanita ini mengundang selebritas dari literatur dan filsafat seperti Diderot, Marivaux, Grimm, Helvétius.

Yang sama-sama terkenal adalah Baron d 'Holbach, yang mengorganisasi pertemuan-pertemuan yang dihadiri oleh tokoh-tokoh yang sama yang telah disebutkan, di samping kepala biara Galiani dan para filsuf lainnya.

Karena itu, substrat yang memberi makan Pencerahan pada dasarnya dibentuk oleh kelas aristokrat dan borjuis.

Keadaan ini membuat kita mengerti mengapa teori-teori Pencerahan menyebar di atas semua di tingkat masyarakat yang tinggi.

Sebaliknya, di kalangan populer difusi hampir tidak ada. Akibatnya, mereka yang seharusnya telah tercerahkan tetap berada dalam kegelapan dan dikeluarkan dari manfaat apa pun.

Namun, jika kita tidak mempertimbangkan posisi materialistis dan ateistik, seperti yang ada pada fase terakhir pemikiran Diderot, konsep "Tuhan" muncul di sebagian besar pemikir Pencerahan.

Untuk menyelaraskan intuisi alamiah ini dengan teori-teori yang mereka nyatakan, para Illuminist berusaha membenarkan keberadaan Tuhan menggunakan argumen ilmiah.

Mengingat kesempurnaan ciptaan yang luar biasa, mereka

mereka mengusulkan keberadaan "geometer abadi".

Ini adalah masalah yang juga menyiksa Voltaire:

> "Ketika saya mengevaluasi keteraturan dan kemampuan luar biasa dari hukum mekanis dan geometris yang mengatur

> alam semesta, saya ditaklukkan oleh kekaguman dan rasa hormat.
>
> Saya akui kecerdasan tertinggi ini. Saya yakin akan keberadaannya. Saya tidak takut seseorang dapat mengubah pendapat saya.
>
> Tapi di mana surveyor abadi ini? Apakah dia hadir di tempat tertentu atau dia menyebar ke mana-mana?
>
> Apakah dia menempati ruang yang tepat atau tidak? Saya tidak tahu apa-apa tentang ini. "

Sayangnya, keraguan Voltaire tidak meninggalkan jejak di abad-abad kemudian. Dalam panorama ilmiah hari ini konsep "Tuhan", bahkan yang dinyatakan dalam bentuk keraguan, telah sepenuhnya dihapus.

Saat ini lingkungan ilmiah, dengan pengecualian yang sangat jarang, berorientasi pada materialisme, tetapi untungnya mereka tidak berhasil dalam menyebarkan teori-teori ini.

Faktanya, manusia dari seluruh dunia, bahkan mereka yang telah hidup lama di bawah pemerintahan totalitarianisme ateis, terus percaya bahwa mereka bukan mesin.

Menurut kaum materialis, pria adalah aglomerat materi secara acak. Dikecualikan bahwa manusia dapat memiliki spiritualitas dan jiwa.

Anehnya, kaum materialis berpikir bahwa "orang lain" adalah robot tanpa perasaan kritis, dipaksa untuk berperilaku sesuai dengan hukum mekanis. Satu-satunya pengecualian adalah diri mereka sendiri, karena mereka sendiri cerdas dan dapat memproses pemikiran otonom.

Hukum fisika klasik mana yang tidak bisa dilanggar?

Penyangkalan realitas psikis berasal dari fakta bahwa mereka bertentangan dengan hukum fisik yang menjadi dasar alam semesta yang kita kenal. Tidak hanya fisika klasik, tetapi juga hukum-hukum fisika relativistik tunduk pada aturan-aturan ini. Ini adalah aturan yang jelas dan dijelaskan sepenuhnya.

Pengetahuan tentang undang-undang ini memungkinkan untuk melihat kapan saja bagaimana masalah yang membentuk realitas akan berperilaku. Kita dapat memprediksi perilaku benda-benda, dari pemantik rokok hingga galaksi terjauh.

Ada kriteria yang disebut "mekanisitas" yang mengatur alam semesta yang diketahui. Setiap peristiwa tergantung pada suatu sebab. Pada gilirannya, setiap fakta menjadi penyebab yang menyebabkan peristiwa berikutnya.

Objek bergerak yang mengenai objek tidak bergerak menghasilkan daya dorong yang dapat dihitung secara akurat.

Faktanya gaya dorong sangat tergantung pada berat kedua benda dan kecepatan benda pertama. Objek kedua, pada gilirannya, bergerak ke arah yang dapat diprediksi. Kecepatan dan durasi gerakan juga bisa diramalkan.

Selain itu, segala sesuatu untuk bergerak harus memiliki "lingkungan". Misalnya, sebuah kapal bergerak di atas air dan sebuah mobil bergerak di jalan. Musik dan suara merambat di udara, dan dibawa oleh gelombang suara.

Mari kita perhatikan tiga hukum utama.

Hukum pertama adalah arah waktu, juga disebut "panah waktu". Waktu hanya maju ke depan, dan fakta apa pun yang telah terjadi tidak dapat diperbaiki atau dimodifikasi.

Urutan peristiwa kronologis ditentukan oleh perjalanan waktu, yang tidak pernah memungkinkan kita untuk kembali, bahkan jika kadang-kadang diinginkan untuk kembali ke masa lalu.

Hukum kedua menyangkut kecepatan. Tidak ada yang bisa bergerak dengan kecepatan lebih besar dari cahaya, sama dengan sekitar 300.000 km per detik.

Konsekuensi dari hukum ketiga adalah bahwa kekuatan apa pun mengurangi kekuatannya sebagai fungsi jarak. Ini khususnya mempengaruhi gravitasi dan magnet.

Sebagai contoh, gaya gravitasi yang menarik dua planet berkurang ketika planet-planet itu berjarak.

Daya tarik gravitasi Bumi mempengaruhi satelitnya yaitu Bulan. Namun, pengaruhnya terhadap satelit Jupiter, seperti Europa atau Ganymede, benar-benar lebih rendah.

Demikian juga magnet menarik benda besi yang ditempatkan pada jarak tertentu. Namun, jika kita meletakkan objek lebih jauh, daya tarik berkurang dan akhirnya berhenti.

Seluruh alam semesta yang kita alami mematuhi hukum-hukum ini. Oleh karena itu, kita dapat memahami rasa malu ilmu resmi dalam menghadapi kemungkinan bahwa ada sesuatu yang lolos dari hukum ini. Tentunya, di antara hal-hal yang tidak mematuhi hukum fisik ada persepsi ekstrasensor.

Menurut ilmu resmi, firasat itu tidak ada karena tidak mungkin mengetahui sesuatu terlebih dahulu yang akan terjadi kemudian.

Dari mana datangnya informasi tentang firasat?

Tidak ada wadah fisik di mana informasi tentang fakta yang akan terjadi di masa depan disimpan. Tidak ada arsip acara yang belum terjadi.

Pemikiran manusia sering disebut, untuk mengatakan bahwa itu pasti bergerak lebih cepat daripada cahaya. Pikiran dapat mengeksplorasi masa lalu dan masa depan. Pikiran dapat mencapai area mana pun di alam semesta kita dan alam semesta lain yang mungkin dengan intensitas yang sama. Ini dapat dianggap bertentangan dengan hukum fisik yang disebutkan dalam paragraf sebelumnya.

Jawaban sains sangat sederhana. Pikiran berbasis di otak kita dan tidak bergerak dari sini. Pikiran itu tidak keluar dari tengkoraknya. Semua elaborasi mental dilahirkan dan mati dalam beberapa sentimeter kubik otak fisik. Dalam praktik, pikiran adalah ilusi, bukan realitas.

Dalam pengertian ini, firasat adalah ilusi yang muncul sebagai produk limbah di otak yang sama.

Komunikasi telepati juga tidak memungkinkan. Tidak ada pikiran yang bisa keluar dari kepala untuk terbang ke kepala lain.

Oleh karena itu, untuk menegaskan keberadaan realitas psikis seperti yang dijelaskan di bagian pertama buku ini, perlu untuk menemukan dimensi alam semesta di mana aturan fisika klasik tidak lagi berlaku.

Dimensi ini harus mirip dengan ketidaksadaran kolektif Jung. Jika dimensi psikis ini ada, tentu saja dapat mengakomodasi ide-ide Plato, serta arketipe Carl Jung dan realitas non-material lainnya.

Sampai tahun 1950, tidak ada ilmuwan yang berani bertaruh satu koin pun untuk kemungkinan ini. Sebaliknya, dalam dekade terakhir telah terjadi perubahan besar.

Fisika kuantum telah membuat langkah besar dengan menyelidiki realitas fisik dalam domain yang sangat kecil.

Kemungkinan bahwa dimensi psikis eksklusif benar-benar ada sudah diprediksi pada awal abad terakhir. Akhirnya, sejak 1980-an dan seterusnya, keberadaan dimensi ini telah dibuktikan secara ilmiah.

Kita berbicara tentang hasil eksperimen pada

Kolaborasi antara sains dan jiwa

Sinkronisitas yang hebat telah berlangsung selama beberapa dekade dan mempengaruhi seluruh planet. Sinkronisitas global ini mengarahkan umat manusia menuju penjelasan yang sangat berbeda tentang alasan keberadaan kita.

Alam semesta bukan lagi aglomerasi materi yang kacau yang diatur secara kebetulan. Dalam visi baru ini, alam semesta adalah campuran materi dan jiwa, dibangun secara tertib dan dipandu oleh Pikiran universal.

Sinkronisitas global ini mewakili jumlah dari banyak kebetulan yang signifikan. Di antaranya, pasti ada pertemuan antara psikolog Swiss Carl Gustav Jung, dan ilmuwan Austria Wolfgang Pauli. Kita ingat bahwa Pauli akan menerima Hadiah Nobel untuk Fisika pada tahun 1945.

Kedua ilmuwan bertemu di Zurich, tempat mereka berdua tinggal. Carl Jung mempraktikkan profesi psikoterapis. Sebaliknya, Pauli adalah Profesor Fisika Teoritis di Institut Teknologi.

Pertemuan berlangsung pada tahun 1932. Pada saat itu Pauli telah meminta janji dengan Jung untuk mengevaluasi kemungkinan melakukan terapi analitik.

Bahkan, Pauli mengandalkan Jung untuk memecahkan beberapa masalah eksistensial yang timbul dari urusan manusia di mana ia terlibat.

Pertama-tama, Pauli menderita bunuh diri ibunya beberapa tahun sebelumnya. Alasan lain untuk menderita adalah pernikahan baru ayahnya dengan seorang wanita yang sangat muda, yang seusia dengan Wolfgang.

Akhirnya, penyebab kuat lain dari penderitaan adalah berakhirnya pernikahannya dengan Kathe Deppner, seorang penari kabaret.

Sayangnya, pernikahan ini hanya berlangsung beberapa minggu.

Konsekuensinya, Pauli mengalami masa-masa sulit dalam hidupnya; ini adalah alasan yang membawanya untuk meminta bantuan Jung. Namun, segera setelah pertemuan pertama, berbagai jenis dialog dikembangkan antara kedua peneliti.

Jung memberikan pekerjaan terapi psikoanalitik kepada seorang dokter yang merupakan kolaboratornya.

Sebaliknya, topik pertemuan antara keduanya adalah pengetahuan ilmiah masing-masing. Hubungan ini berlangsung setidaknya selama dua puluh lima tahun.

Ketika keduanya mendapati diri mereka tinggal di tempat yang berbeda, pertemuan pribadi berubah menjadi pertukaran surat yang padat.

Dalam argumen mereka, Jung dan Pauli mendorong ke batas bidang studi masing-masing, yang fisika kuantum dan psikologi. Keduanya mencari hubungan antara kedua ilmu tersebut.

Dengan cara ini mereka membangun hubungan antara dua bidang studi yang, sampai saat itu, dianggap benar-benar tidak dapat didamaikan.

Sebuah pernikahan budaya lahir antara kreativitas Jung dan kerasnya disiplin ilmiah Pauli. Dengan penuh kesabaran, keduanya berhadapan dengan teori mereka tanpa pernah menemukan alasan untuk kesalahpahaman atau melanggar argumen. Ini terjadi meskipun ada kesalahpahaman dari lingkungan ilmiah masing-masing.

Pauli mempelajari pemikiran Jung dan membagikannya dengan serius. Dengan cara ini ia mengatasi mentalitas zaman yang berlaku, yang mendefinisikan teori-teori berdasarkan jiwa sebagai "tanpa akal". Pauli mempertahankan sikap kritis, tetapi ia mencoba memahami teori Jung.

Tentu saja topik utama dialog antara Jung dan Pauli adalah hubungan antara fisika dan psikologi, yaitu antara jiwa dan materi. Penting untuk dicatat bahwa Pauli tidak tertarik pada sinkronisitas untuk memuaskan keingintahuan budaya.

Dia percaya dia telah menjadi protagonis episode sinkronis beberapa kali dalam hidupnya.

Pada tahun 1952 Jung dan Pauli menerbitkan sebuah buku bersama, "Naturerklarung und

Psyche". Baik kesepakatan dan perbedaan mereka dapat dipahami dari halaman-halaman buku ini.

Jung berkontribusi pada pekerjaan itu dengan menerbitkan karyanya yang berjudul "Synchronicity: An Acausal Connecting Principle". Pauli malah berkontribusi dengan esai "The Influence of Archetypal Ideas on the Scientific Theories of Kepler".

Harus dikatakan bahwa Jung sudah lama ragu sebelum menerbitkan teorinya tentang sinkronisitas. Pauli sendiri yang meyakinkannya untuk membuat mereka dikenal dalam esai ini.

Secara keseluruhan, Pauli dan Jung setuju bahwa materi dan jiwa harus dipahami sebagai aspek pelengkap dari realitas itu sendiri.

Realitas diatur oleh arketipe, yang harus dipahami sebagai prinsip umum pemesanan.

Ini menyiratkan bahwa arketipe adalah elemen yang berada di tingkat yang ditempatkan di luar materi.

Pauli mengkritik keyakinan materialistis yang ada di lingkungan kerjanya. Dia tidak berbagi penolakan atas segala sesuatu yang berhubungan dengan spiritualitas, perasaan, dan emosi manusia.

Pauli yakin bahwa dalam waktu dekat tidak mungkin lagi mengabaikan hubungan antara dunia materi eksternal dan dunia batin jiwa.

Keterjeratan kuantum

Hukum fisika yang disebut "konservasi energi" adalah salah satu yang paling penting di alam. Dalam bentuk yang paling banyak dipelajari hukum ini menyatakan bahwa energi dapat diubah dan dikonversi dari satu bentuk ke bentuk lainnya.

Namun, bahkan jika bentuk energi berubah, jumlah totalnya tidak berubah seiring waktu. Kami merujuk pada energi yang ada dalam "sistem terisolasi". Tentu saja, alam semesta adalah sistem yang terisolasi.

Richard Feynman adalah seorang ahli fisika Amerika. Dia menerima Hadiah Nobel untuk fisika pada tahun 1965. Dalam bukunya "The physics of Feynman, Vol.I" Feynman berbicara tentang hukum konservasi:

> "Ada hukum yang mengatur fenomena alam yang diketahui. Hukum ini tidak memiliki pengecualian, jadi, sejauh yang kami tahu, itu benar. Hukum disebut "konservasi energi", dan itu benar-benar ide yang sangat abstrak, karena itu adalah prinsip matematika.
>
> Hukum mengatakan bahwa ada besaran numerik yang tidak berubah, apa pun yang terjadi. Pernyataannya tidak menggambarkan mekanisme, atau sesuatu yang konkret. Ini adalah fakta

yang agak aneh. Kita dapat menghitung angka tertentu yang mewakili energi total alam semesta. Kemudian kita melihat berbagai hal ketika mereka berubah.

Jika kita mengamati alam untuk waktu yang lama ketika berevolusi dan kemudian kita menghitung ulang jumlahnya, kita menyadari bahwa itu tidak berubah. "

Tanpa ragu, kita dapat menerima begitu saja bahwa energi keseluruhan alam semesta dapat mengambil bentuk yang berbeda, tetapi tetap tidak berubah.

Hukum ini menimbulkan masalah besar ketika sains mulai mempelajari materi di tingkat subatomik, yaitu tingkat yang sangat kecil.

Kami mencoba memahami alasannya.

Partikel dasar dilengkapi dengan "spin". "Spin" sangat mirip dengan gerakan rotasi. Juga "spin" tunduk pada hukum konservasi.

Jadi, jika kita mengambil elektron dengan "spin" sama dengan nol dan membaginya menjadi dua bagian, satu bagian memiliki "spin" +1/2 (setengah positif) dan yang lain memiliki "spin" -1/2 (setengah negatif) . Dengan cara ini total kedua bagian selalu sama dengan nol seperti pada elektron asli. Ini berarti bahwa hukum konservasi dihormati.

Sekarang mari kita lakukan percobaan.

Mari kita asumsikan bahwa, setelah membagi elektron menjadi dua bagian, kita mengambil salah satu dari dua bagian dan memindahkannya ke jarak yang dapat kita bayangkan.

Apa pun jarak antara kedua bagian, "spin" mereka tidak berubah agar tidak melanggar hukum konservasi.

Tapi mari kita lanjutkan percobaan kita. , Mari kita ambil salah satu dari dua bagian, misalnya yang dengan "spin setengah positif", dan membalikkan "spin" sehingga menjadi "setengah negatif".

Apa yang terjadi pada saat itu? Kebetulan separuh lainnya, di mana pun ia berada di alam semesta, juga membalikkan "putarannya".

"Putaran" dari setengah lainnya, yang "setengah negatif", menjadi "setengah positif". Dua "putaran" tidak mengubah "satu demi satu", tetapi "pada saat yang sama".

Penting untuk dipahami bahwa perubahan terjadi pada waktu yang bersamaan. Informasi tidak perlu waktu untuk diketahui kedua belah pihak.

Dengan percobaan kami, kami mereproduksi efek "spin terkait"

Dua partikel kita dikatakan "berkorelasi" karena mereka terlahir bersama, ketika kita membagi elektron asli menjadi dua. Berita mengejutkan adalah bahwa partikel-partikel terkait berkomunikasi satu sama lain pada jarak berapa pun mereka berada.

Jika satu partikel berubah, yang lain berubah pada saat yang sama, karena hukum konservasi energi tidak dapat dilanggar.

Hukum konservasi energi tidak dapat dilanggar bahkan oleh setengah elektron, yang merupakan bagian absolut yang tidak signifikan dari alam semesta.

Jika kita mengatakannya dengan cara ini mungkin kelihatannya sangat sedikit, tetapi jika kita memikirkannya, apa yang baru saja kita *katakan berbeda dengan semua hukum fisika klasik.*

Aturan yang tidak dihormati adalah yang relatif terhadap kecepatan cahaya, yang tidak pernah bisa dilampaui. Padahal kecepatan ini terlampaui banyak. Seperti yang telah kita lihat, kita dapat menempatkan kedua partikel pada jarak intergalaksi apa pun, bahkan pada satu miliar tahun cahaya dari satu sama lain.

Meskipun jarak ini, setiap partikel bereaksi secara simultan terhadap perubahan yang lain.

Aturan arah waktu juga dilanggar. Berdasarkan aturan ini, setiap peristiwa terjadi sebagai akibat dari peristiwa sebelumnya.

Dalam kasus kami, dua partikel tidak mengubah rotasi satu demi satu, tetapi mereka melakukannya secara bersamaan.

Konsep kausalitas, yang menurutnya setiap peristiwa disebabkan oleh peristiwa lain, tidak berlaku lagi.

Prinsip lain yang tidak dihormati adalah pelemahan medan gaya, tergantung pada jarak.

Menurut prinsip ini, dua bagian harus berubah dengan kekuatan besar ketika mereka lebih dekat. Kemudian, ketika jarak bertambah, mereka harus berubah dengan kekuatan yang berkurang.

Tidak demikian: "ikatan kekuatan" yang menyatukan kedua partikel tetap mutlak dan konstan dalam ruang dan waktu

Ikatan yang menyatukan dua partikel mengambil nama ilmiah "entanglement"", sebuah kata dalam bahasa Inggris yang dapat diterjemahkan sebagai "tenun".

Istilah ini mengacu pada hubungan yang muncul antara dua partikel yang diciptakan bersama, yaitu "berkorelasi".

Tautan ini memiliki lebih banyak karakteristik spiritual daripada fisik. Hal serupa sering terjadi di antara kembar manusia.

Pengamatan yang paling penting adalah yang terakhir dan ini adalah: bagaimana kedua bagian elektron dapat berkomunikasi satu sama lain?

Jelas bahwa ketika salah satu dari dua bagian mengubah rasa rotasi, berita perubahan tidak melintasi ruang fisik apa pun dan tidak disampaikan dengan cara apa pun.

Jika ini terjadi, penundaan waktu akan terjadi. Namun tindakan dan reaksi bersifat kontemporer.

Tidak ada "waktu" di mana informasi masih di jalan, dan bagian lain sedang menunggu untuk menerimanya.

Informasi ada di sini dan di sana. Secara lebih sederhana kita dapat mengatakan bahwa informasi "ada" secara absolut. Kedua partikel itu memilikinya.

Bagian yang dibagi membagikan informasi seolah-olah mereka masih satu bagian.

Teori ini dikonfirmasi secara ilmiah.

Kebaruan fisika kuantum disajikan oleh Niels Bohr dan tim ilmuwannya, yang disebut "The Copenhagen School". Kelompok kerja ini meletakkan dasar-dasar fisika kuantum, dalam penelitian yang dilakukan sejak 1927 dan seterusnya. Sayangnya, wawasan mereka tidak diterima dengan baik di dunia ilmiah.

Secara khusus, Albert Einstein menilai teori ini sebagai tidak mungkin. Dia percaya alasan dasarnya salah.

Menurut Einstein elemen penting hilang, yang ia sebut "variabel tidak dikenal".

Dalam praktiknya, menurut penilaian Einstein perhitungan tersebut memberikan hasil yang salah karena ada beberapa elemen tertentu yang tidak dipertimbangkan.

Jika dia menambahkan apa yang disebut "variabel tidak dikenal" ke persamaan, Niels Bohr akan mendapatkan hasil yang lebih dekat dengan fisika klasik. Einstein sangat khawatir karena teori kuantum Bohr juga berbeda dengan teori relativitas.

Beberapa ilmuwan mengejek wawasan Bohr.

Namun Einstein, meskipun yakin dengan argumennya, terlalu pintar untuk menyangkal teori ilmiah sebelum teori ini dievaluasi secara akurat.

Dia terus berdebat bahwa ada kesalahan dalam persamaan Bohr. Namun, Albert tidak memiliki prasangka dan ingin melihat dengan jelas. Di sinilah letak keagungannya sebagai seorang ilmuwan.

Pada 1935 ia mengusulkan eksperimen terkenal, yang dikenal sebagai eksperimen EPR. Akronim ini lahir dari nama tiga pendukung, yaitu, selain Einstein, Podolski dan Rosen.

EPR adalah “Gedankenexperiment” yang merupakan eksperimen pemikiran.

Dalam praktiknya percobaan itu tidak didasarkan pada alat-alat laboratorium, tetapi pada alasan dan aplikasi teoritis dari hukum yang dikenal.

Jenis percobaan ini, meskipun bersifat teoretis, dapat memberikan hasil yang andal.

Eksperimen mental masih digunakan sampai sekarang ketika sarana teknis atau ekonomi untuk melaksanakannya di laboratorium masih kurang.

Memang, pengembangan percobaan EPR menimbulkan keraguan tentang kredibilitas teori kuantum. Ini juga tergantung pada komplikasi protokol eksekutif.

Akibatnya, komunitas ilmiah mencatat hasilnya tetapi tidak menganggapnya final.

Bertahun-tahun kemudian, pada tahun 1964, seorang ilmuwan lain kembali tertarik pada masalah ini.

John Stewart Bell menerbitkan sebuah artikel di mana ia mengusulkan versi sederhana dari percobaan EPR. Dalam artikel yang sama Bell mengusulkan metode praktis untuk melakukan percobaan di laboratorium dan mengundang komunitas ilmiah untuk mengimplementasikannya. Undangan itu dikumpulkan oleh Alain Aspect, seorang ahli fisika eksperimental Perancis.

Pada tahun-tahun 1980 hingga 1982, Alain Aspect melakukan percobaan di laboratorium.

Dalam praktiknya dia bersemangat elektron untuk memaksanya melakukan lompatan kuantum ganda. Elektron tereksitasi, dalam lompatan ganda, memancarkan dua partikel elementer, yaitu dua foton. Tentu saja, kedua foton itu "berhubungan", karena mereka dilahirkan di acara yang sama.

Eksperimen Alain Aspect mengkonfirmasi semua prediksi fisika kuantum dan fenomena "entanglement".

Dua foton Aspect yang dihasilkan di laboratorium berperilaku seperti yang dijelaskan dalam teori Bohr.

Yaitu, dua foton telah mengulangi perilaku yang saya jelaskan sebelumnya, berkaitan dengan dua bagian elektron.

Ini berarti mereka melanggar semua aturan fisika klasik.

Pada tahun-tahun berikutnya percobaan diulangi dan dikonfirmasi berkali-kali oleh banyak sarjana.

Saat ini laboratorium tidak lagi bereksperimen dengan "entanglement" dua partikel. Di laboratorium modern, ribuan atau jutaan partikel terkait dibuat dalam satu peristiwa.

Dalam terang pengetahuan ilmiah saat ini, kita dapat mengasumsikan bahwa komunikasi pada tingkat partikel elementer terjadi dengan metode yang benar-benar independen dari materi.

Partikel-partikel berkomunikasi di tingkat di mana waktu dan ruang tidak menggunakan kekuatan mereka. Pada level ini dua atau lebih partikel terkait, bahkan jika mereka dipisahkan oleh jarak tak terbatas, berperilaku seolah-olah mereka adalah satu.

"Ruang", atau tingkat di mana ini terjadi, disebut "non-lokalitas". Ini adalah "ruang" psikis, karena tidak dapat ditempatkan di mana pun.

Ilmu pengetahuan dengan enggan mencatat keberadaan ruang ini, karena tidak dapat menimbangnya atau mengukurnya atau mereproduksinya di laboratorium.

Namun, jika ruang ini ada, maka konsep pemikiran manusia lainnya juga dapat menemukan tempat mereka di dalamnya.

Sebagai contoh, kita sebelumnya mengutip "ketidaksadaran kolektif" Carl Jung atau "Jiwa dunia" oleh Plato. Partikel subatomik bertindak dalam non-lokal, dan tidak ada yang dapat menyangkal bahwa ini terjadi. Demikian pula, wawasan psikis pemikiran manusia juga menjadi layak untuk dipelajari dan dipertimbangkan.

Beberapa orang mungkin berpendapat bahwa fenomena "keterjeratan" hanya terjadi antara partikel-partikel yang telah saling terkait di laboratorium.

Kita dapat mengingatkan para skeptis ini bahwa seluruh alam semesta lahir dari laboratorium yang hebat. Kita bisa membayangkan alam semesta awal sebagai "tempat" di mana terjadi ledakan hebat dan unik, yang dikenal sebagai Big Bang.

Ledakan ini telah memunculkan semua hal semesta.

Karena itu, semua bagian material dari alam semesta lahir dari peristiwa yang sama.

Ini berarti bahwa semua materi di alam semesta saling terkait dan membentuk realitas yang unik. Hewan, tumbuhan, dan mineral terbuat dari atom terkait. Planet-planet, rasi bintang, dan seluruh kosmos saling terkait. Carl Jung dan Wolfgang Pauli menyebut kenyataan ini "Unus mundus".

KPeran apa yang dimainkan kebetulan dalam hidup saya?

Pada titik ini, setiap pembaca dapat secara sah merumuskan pertanyaan ini dan dapat menunggu jawaban.

Kita tahu bahwa kebetulan yang signifikan terjadi. Sayangnya, sampai hari ini kita menganggap kebetulan sebagai fakta aneh dan terkadang misterius, tetapi tidak penting dalam kehidupan kita sehari-hari.

Kebetulan yang signifikan terjadi didefinisikan lebih tepatnya dengan nama "sinkronisitas".

Kami memberikan nama ini pada petunjuk yang berusaha menjelaskan pesan dan niat "Pikiran dunia".

Setiap sinkronisitas mengandung pesan yang ditujukan kepada kita, berguna untuk membimbing kita dalam pertumbuhan batin. Sayangnya, bahasa dari pesan-pesan ini simbolis. Kami berjuang untuk menyesuaikan gelombang yang tepat untuk menguraikan isi pesan-pesan ini. Kutipan dari fisikawan Amerika Joseph Henry dapat membantu kita memahami konsep:

> *"Benih-benih dari setiap penemuan hebat selalu hadir di udara yang mengelilingi kita, tetapi benih-benih itu jatuh dan berakar hanya dalam pikiran yang sudah dipersiapkan."*

Kita terbiasa menghubungkan fakta-fakta yang tidak biasa dengan kebetulan. Ketika kebetulan adalah negatif, kami mengaitkannya dengan takdir, sedangkan bila positif, kami mengaitkannya dengan keberuntungan.

Kami mengutip beberapa kalimat terkenal lainnya. Arthur Schopenhauer berkata:

> *"Takdir mengocok kartu dan kami bermain."*

Sebaliknya, Louis Pasteur berbicara tentang keberuntungan:

> *"Keberuntungan mendukung pikiran yang siap"*

Pernyataan-pernyataan ini menyiratkan bahwa setiap peluang, dicampur dengan persiapan yang cermat, dapat membantu kita membangun kehidupan yang lebih baik.

Persiapannya terdiri dari mengetahui cara mengambil, pada waktu yang tepat, sinyal mengemudi, dengan cara yang sama kita tahu cara membaca rambu-rambu jalan, sementara kita mengendarai mobil kami.

Sinkronisitas adalah tanda panduan, indikator yang secara simbolis menunjukkan arah.

Sulit untuk memahami pesan simbolik yang datang dari dimensi spiritual, karena kita hidup tenggelam dalam dimensi fisik.

Selain itu, sebagaimana telah disebutkan, sinkronisistas adalah konstruksi yang dibuat dari peristiwa yang terputus satu sama lain. Peristiwa ini tidak memiliki hubungan sebab dan akibat, dan didistribusikan dalam ruang dan waktu, sehingga sulit untuk menghubungkannya.

Kebetulan hanya menjadi bermakna ketika kita berhasil menghubungkan makna.

Kita sering perlu menggunakan proses mental irasional untuk menghubungkan fakta-fakta tertentu di antara mereka.

Dalam banyak kasus, kita perlu mengabaikan logika temporalitas harian, yang dengannya beberapa hal terjadi sebelum dan yang lainnya sesudahnya. Dalam sinkronisitas hal ini tidak menjadi masalah dan fakta dapat ditempatkan di mana saja dalam skala waktu.

Makna yang kami kaitkan dengan sinkronisitas dihasilkan pada tingkat spiritual.

Konsekuensinya, jika kita ingin memahami mengapa kita memberikan makna khusus pada fakta-fakta apa saja, kita harus menyelidiki kedalaman roh kita. Penafsiran yang dielaborasi oleh roh kita selalu diterangi oleh simbologi yang kita miliki.

Simbolisme sinkronisitas yang kita terima selalu terhubung dengan simbologi yang ada dalam jiwa kita.

Kami memegang kunci interpretatif untuk sinkronisasi yang kami terima. Kunci ini hadir dalam kesadaran kita atau di alam bawah sadar kita.

Sinkronisitas adalah simbol pola dasar. Mereka tidak dapat memanifestasikan diri mereka dalam bentuk simbolis yang sama sekali tidak dikenal. Ketika seseorang menerima sinkronisitas dalam bentuk simbolis, simbol itu telah berpindah dari ketidaksadaran kolektif ke ketidaksadaran individu.

Simbologi yang ditimbulkan oleh sinkronisitas dapat diuraikan karena sudah ada, berakar dan terjalin dalam alam bawah sadar kita.

Mengartikan sinkronisitas.

Sinkronisitas memiliki karakteristik khusus di mana penguraian pesan dimungkinkan hampir secara eksklusif untuk mereka yang menerimanya.

Karakteristik ini adalah karakter simbolis dan kaitan erat dengan ketidaksadaran individu.

Metodologi terapis profesional mungkin pengecualian. Mereka mampu memperdalam lapisan kesadaran yang dalam, lapisan yang tidak dapat dieksplorasi secara objektif bahkan oleh pasien sendiri.

Dalam kebanyakan kasus, tidak ada yang meminta bantuan ahli psikoterapi untuk mengungkapkan simbolisme pesan sinkronisasi.

Akibatnya, kami dapat memberikan beberapa saran umum di sini yang dapat membantu interpretasi.

Nasihat pertama sudah jelas.

Jangan pernah menganggap kebetulan yang signifikan sebagai hasil dari keacakan sederhana.

Mereka dapat berupa pesan dari "Pikiran yang lebih tinggi". "Pikiran" ini mengoordinasikan harmoni alam semesta dan ingin membantu kita menjaga harmoni kita. Ia ingin menjadikan kita penerima manfaat dari kesejahteraan batin.

Nasihat kedua adalah mengandalkan terutama pada penilaian sendiri. Penilaian kami tentu saja yang paling berkualitas dan paling tepat untuk memandu interioritas kami dalam penjabaran makna simbol.

Seperti yang telah disebutkan, masing-masing memiliki kunci untuk menafsirkan sinyal misterius yang diterimanya.

Simbol-simbol itu adalah warisan semua umat manusia, tetapi pada saat yang sama, simbol-simbol itu sangat mirip dengan "Selbst" kita, dengan budaya kita dan cara kita memandang dunia.

Kita dapat mengatakan bahwa dimensi simbolis seperti ujung jari.

Ada miliaran jari, tetapi pada saat yang sama kami tidak menemukan dua jari yang sama. Masing-masing memiliki sidik jari sendiri yang unik dan tidak salah lagi.

Nasihat ketiga terdiri dari tidak terburu-buru untuk menghubungkan makna.

Seringkali sinkronisitas terdiri dari beberapa peristiwa yang didistribusikan dari waktu ke waktu.

Kita harus membuat laci rahasia di pikiran kita di mana kita menyimpan pesan yang tidak kita mengerti.

Setiap kali kami menerima pesan baru, kami harus membandingkannya dengan semua yang belum kami selesaikan. Latihan ini dapat memberikan hasil yang mengejutkan.

Jika kita dengan cepat menghapus dari pikiran kita setiap kebetulan yang aneh, kita berisiko mengganggu jalan. Mungkin kebetulan yang dibatalkan adalah tautan penting.

Faktanya, sinkronisitas dapat didistribusikan melalui hari atau bulan, atau bahkan bertahun-tahun, dan setiap kebetulan penting yang baru dapat menjadi penyelesaian kebetulan sebelumnya.

Tempat asal sinkronisitas sering disebut sebagai "non-lokalitas", karena tidak mungkin untuk menempatkannya baik di ruang atau waktu. Tidak ada ruang atau waktu di tingkat non-lokal. Ini dibuktikan secara ilmiah oleh fisika kuantum dan penemuan baru-baru ini tentang fenomena yang disebut "keterjeratan", yang saya jelaskan dalam elemen-elemen dasarnya.

Sebagai lampiran dari dewan ketiga ini, saya memberikan indikasi lain.

Banyak sarjana dan penulis mendukung kegunaan menyimpan buku harian tentang kebetulan. Dalam buku harian ini kita juga bisa mencatat mimpi-mimpi penting, yaitu mimpi yang paling mengejutkan kita. Mimpi bisa sinkronis, atau profetik. Ini terutama benar ketika acara impian benar-benar terjadi. Ini adalah kasus yang jarang, karena bahkan mimpi didasarkan pada simbologi. Dimungkinkan untuk memberi makna pada suatu peristiwa dengan menghubungkannya dengan sebuah mimpi.

Tiga tingkat realitas

Dari apa yang telah ditunjukkan pada bab-bab sebelumnya, muncul representasi dari alam semesta yang sangat berbeda dari yang telah kita gunakan untuk mempertimbangkan.

Tentu saja, kita semua terus melihat dunia seperti yang selalu kita lihat. Ini terjadi karena panca indera yang diberikan alam kepada kita dirancang untuk mengalami dunia ini.

Kebutuhan vital dan kebutuhan untuk bertahan hidup berarti bahwa kita dapat melihat, menyentuh, mencium, mendengar dan menikmati realitas dalam dimensi yang sesuai dengan diri kita.

pada kenyataannya, indera kita tidak efektif di luar dimensi kita. Kita tidak bisa menjelajahi galaksi jauh dengan pandangan kita. Mata kita tidak bisa mengamati pergerakan mikroba.

Kami tidak merasakan bau ledakan supernova atau warna molekul yang membentuk berbagai tubuh.

Fungsi-fungsi ini melampaui kebutuhan dasar kita. Evolusi telah membuat kita terspesialisasi hanya untuk apa yang tidak bisa dipisahkan dari keberadaan kita.

Sebagian besar frekuensi menghasilkan warna dan suara yang tidak terlihat atau terdengar oleh kami

Perasaan sentuhan dan indera perasa, sejauh kita dapat menganggapnya halus, memungkinkan kita untuk dengan jelas membedakan hanya rentang rasa dan aroma yang sempit.

Kita dapat mengatakan bahwa panca indera kita adalah alat yang sangat kasar dan sangat terbatas dibandingkan dengan variasi tak terbatas yang dihasilkan oleh alam semesta.

Namun, kami juga memiliki dua indera lainnya. Indera keenam adalah intuisi, yang memungkinkan kita untuk memproses informasi yang sangat berguna dalam kehidupan sehari-hari yang sederhana, bahkan jika informasi ini tidak diperlukan untuk bertahan hidup.

Intuisi adalah alat yang luar biasa, yang memproses pengalaman kita dan memberikan nasihat tentang perilaku.

Laki-laki pertama bisa menebak buah mana yang bisa dimakan atau serangga mana yang bisa beracun mengingat warna atau bentuk tubuh mereka. Berdasarkan pemeriksaan ringkasan penampilan mereka dapat menghitung kemungkinan risiko yang lebih besar atau lebih kecil.

Hari ini kami menggunakan intuisi untuk mengevaluasi orang dan keadaan.

Seringkali, berkat intuisi, kita dapat menumbuhkan ketidakpercayaan spontan terhadap mereka yang ingin menipu kita. Jadi kita juga bisa menebak siapa yang bisa membantu kita.

Intuisi membantu kita membedakan sisi positif dan negatif yang terkait dengan bisnis tertentu. Intuisi biasanya memainkan peran yang menentukan dalam keputusan kita. Tentunya intuto adalah alat yang tidak sempurna, tetapi pengalaman membantu kita untuk memperbaikinya.

Indra keenam, atau intuisi, hanya didasarkan pada pemikiran, tetapi tidak ada yang misterius tentang hal itu. informasi yang kita gunakan untuk merumuskan penilaian kita semua terkandung dalam ingatan kita dan dalam beban budaya kita. Seluruh proses intuitif terjadi dalam jiwa kita. Intuisi hanya menggunakan pengetahuan yang sudah kita miliki.

Tentu saja, intuisi konsisten dengan dunia di luar jiwa, yaitu dengan realitas fisik.

Tingkat kuantum dan tingkat non-lokal

Tingkat di mana kita hidup dapat didefinisikan sebagai "tingkat fisik". Tingkat fisik terbuat dari benda padat, yang terpisah satu sama lain.

Tingkat ini juga mencakup bagian kosmos yang sangat besar, seperti planet dan rasi bintang. Saat ini ilmu pengetahuan memberi tahu kita bahwa setidaknya ada dua tingkat lainnya. Meskipun kita tidak dapat memahami level-level ini dengan indera kita yang terbatas, mereka tetap ada. Keberadaan mereka dikonfirmasi tanpa keraguan.

Tingkat kedua adalah tingkat kuantum. Ini adalah "ruang" di mana partikel-partikel elementer bergerak dan beroperasi secara bebas. Partikel-partikel ini tidak mengalami kendala yang mempengaruhi tingkat materi makroskopik. Seperti yang telah kita lihat, partikel membentuk ikatan timbal balik tanpa batas ruang dan waktu.

Karakteristik ini menunjukkan keberadaan tingkat ketiga, yaitu non-lokalitas, yang tidak terbuat dari materi. Non-lokalitas hanya mengandung energi dan informasi.

Non-lokalitas adalah tingkat di mana seluruh alam semesta terhubung dan membentuk "keterikatan" universal. Non-lokalitas mengandung semua informasi, itulah semua kecerdasan kosmik yang diperoleh sejak saat pertama penciptaan.

Informasi ini didukung oleh energi yang tidak dikenal dan tidak terbatas, yang mendistribusikannya di mana pun dibutuhkan.

Jika kita ingin mengakses realitas non-lokal, panca indera tidak dapat membantu kita. Intuisi bahkan tidak dapat membantu kita. Kami membutuhkan indra ketujuh.

Indera keenam datang untuk menyelamatkan kita dengan hanya memproses informasi yang telah kita kumpulkan dalam pengalaman sehari-hari kita,

Alih-alih, indra ketujuh memungkinkan kita untuk berhubungan dengan deposit yang jauh lebih kaya, yang berisi semua pengalaman alam semesta. Dari simpanan ini, presentasi, firasat, dan seluruh jajaran fenomena yang kita sebut ekstrasensor turun ke dalam kesadaran kita.

Tingkat non-lokalitas selalu dikenal oleh setiap peradaban, oleh setiap filosofi dan oleh setiap agama. Sayangnya, tidak mungkin membuktikan keberadaannya. Hari ini, akhirnya, buktinya ada.

Kita bisa yakin bahwa intelijen mengawasi fungsi tingkat non-lokal. Bahkan, bagaimana itu bisa diatur secara kebetulan?

Dari level ini kami menerima pesan. Dalam kebanyakan kasus, pesan-pesan ini simbolis dan kami berjuang untuk menguraikannya. Namun, ada kemungkinan bahwa di masa depan umat manusia akan dapat mengembangkan rencana pemahaman yang lebih maju daripada yang sekarang.

Masing-masing dapat memanggil tingkat non-lokalitas dengan nama yang Anda inginkan. Kita dapat menyebutkan banyak ungkapan: Pikiran Universal, Pikiran Global, Dunia Gagasan, Pikiran Semesta, Pikiran Bawah Sakti Kolektif, Non-Lokal, Tao, Atman, Tuhan, Roh Kudus.

Kita tahu bahwa "Entitas superior" ini ada. Kita juga tahu bahwa bantuan datang darinya untuk pertumbuhan individu dan perkembangan seluruh umat manusia.

Kami menyebut bantuan ini "kebetulan yang bermakna" dan "sinkronisitas", merujuk pada teori Jung. Namun, setiap orang dapat menyebut intervensi ini dengan nama yang mereka sukai: inspirasi, nubuat, wahyu, mukjizat, atau apa pun.

Mungkin kita tidak akan pernah bisa mengungkapkan secara detail misteri yang kita bicarakan. Tapi ada hal baru yang penting.

Di masa lalu kami merujuk pada hipotesis sugestif, tetapi kami tidak bisa memberikan bukti.

Hari ini kita berbicara dengan percaya diri dan keamanan dengan merujuk pada tingkat spiritual atau mental yang kita benar-benar ketahui.

Bibliography

Amir Dan Aczel, Entanglement. The greatest mystery of physics.

Barbour Julian, End of the time.

Barrow John David, From zero to infinity. The great story of Nothing.

Barrow John David, The numbers of the universe,

Barrow John David, Why is the world a mathematician?

Barrow John David, look Frank The anthropic principle.

Beitman Bernard, Messages from coincidences.

Cambray Joseph, Synchronicity. Nature and Psyche In a connected universe.

Cantalupi Tiziano, Santarcangelo Donato, Psychism and reality. .

Capra Fritjof, The Tao of physics.

John Cederquist, Coincidences They don't exist.

Cesati Cassin Marco, We're not here by chance.. The power of coincidences.

Subrahmanyan Chandrasekhar, Truth and Beauty. The reasons for aesthetics in science.
Chinnici Giorgio, Case Guard. The secret mechanisms of the quantum world
Chopra Deepak, Coincidences
Ford Kenneth, The world of Quanta. Quantum physics For everyone.
Gamow George, The Adventures of Mr. Tompkins.
Gamow George, Mr. Tompkins ' New World.
Goswami Arneb, Quantum Lighting Guide.
Greene Brian, The plot of the cosmos. Space,
Greene Brian, The hidden universes of parallel reality And the profound laws of the cosmos.
Greene Brian, The elegant universe. Superstrings, hidden dimensions and the pursuit of definitive theory.
Hawking Stephen The Universe in a nutshell.
Hawking Stephen The theory completely. Origin and destination Dell Universe.
Hawking Stephen The great history of the time.
Hawking Stephen Do Big Bang For black holes. A brief history of the universe.
Heckler, Richard, Coincidences.
Robert Hopke, Nothing happens by chance.
Joseph Frank, The power of coincidences.
Young Carl The analysis of Dreams. Archetypes of the unconscious. Synchronicity.
Young Carl Memories, DreamsReflections.

Kane Gordon, The Garden of Particles Elemental.
Shani Mani Quantum. From Einstein In Bohr, quantum theory, a new idea of reality..
Rei Hans, Christianity and Chinese religiosity.
Lederman Leon, Hill Christopher, Physical Quantum for Poets
Licata Ignazio, Watching the Sphinx.
Motterlini Matteo, Mental traps.
Peat David, Synchronicity. A union between the matter e Psyche.
Popper Karl, The Ego and your brain.
Radin Dean. Intertwined minds. Psychic phenomena explained by quantum physics.
Rhine Louisa, Psychokinesis. in mind Dominates matter..
Schumacher Ernst, A guide to the Perplexed, the B
Sheldrake Rupert, The illusions of Science.
Sheldrake Rupert, The mind Extended..
Michael Smith, Young and Shamanism.
Sparzani and Panepucci. (Curators) Young and Pauli. The original correspondence: The meeting between psyche and matter.
Henry Stapp Quantum theory and free will..
Michael Talbot, All is a. Feltrinelli
Teodorani Massimo, Bohm. The Physics of Infinity.

Teodorani Massimo, in mind Creative. From the physical universe to intelligent life.
Teodorani Massimo, The entanglement. The Weave In the quantum world: particles To consciousness.
Teodorani Massimo, Synchronicity. The link between physics and psyche. Da Pauli Young ' s Next In Chopra.
Teodorani Massimo, The Atom and the particles Elementary.
Seems Frank The physics of Immortality.
John White, The encounter between science and spirit..
Claudio Widmann, Synchronicity and coincidences Significant.
Claudio Widmann, Introduction to Synchronicity.

Selesai mencetak pada 15 April 2022
Jusuf Sibareni adalah nama samaran dari Bruno Del Medico, blogger, penulis, editor, mengkhususkan diri dalam penyebaran isu-isu yang berkaitan dengan peristiwa sosial terkini dan batas-batas baru ilmu pengetahuan. Dia adalah penulis banyak teks yang berkaitan dengan pandemi baru-baru ini dan seri khusus tentang fisika kuantum dan metafisika

www.ingramcontent.com/pod-product-compliance
Ingram Content Group UK Ltd.
Pitfield, Milton Keynes, MK11 3LW, UK
UKHW040032200726
13854UKWH00001B/478